马克笔技法表现

Hand-drawing of Interior Design 室内设计手绘

◎ 刁晓峰　雷志龙　路宽　著

华中科技大学出版社
http://press.hust.edu.cn

中国·武汉

图书在版编目（CIP）数据

马克笔技法表现：室内设计手绘 / 刁晓峰，雷志龙，路宽著. —武汉：华中科技大学出版社，2023.8
ISBN 978-7-5680-9441-2

Ⅰ.①马… Ⅱ.①刁… ②雷… ③路… Ⅲ.①室内装饰设计－绘画技法 Ⅳ.①TU204

中国国家版本馆CIP数据核字(2023)第132356号

马克笔技法表现：室内设计手绘
Makebi Jifa Biaoxian：Shinei Sheji Shouhui

刁晓峰　雷志龙　路宽　著

出版发行：华中科技大学出版社（中国·武汉）

地　　址：武汉市东湖新技术开发区华工科技园（邮编：430223）

出 版 人：阮海洪

策划编辑：彭霞霞　　　　　　　　　　　　　责任监印：朱　玢

责任编辑：梁　任　　　　　　　　　　　　　排　　版：张　靖

印　　刷：武汉精一佳印刷有限公司

开　　本：889 mm×1194 mm　1 / 16

印　　张：13.5

字　　数：130千字

版　　次：2023年8月第1版第1次印刷

定　　价：79.80元

投稿邮箱：644836843@qq.com

本书若有印装质量问题，请向出版社营销中心调换

全国免费服务热线：400-6679-118　竭诚为您服务

前　　言

　　马克笔作为绘画工具，是独特的，也是丰富的。无论是油性马克笔，还是酒精性马克笔，都可以依据物体进行涂抹，从而描绘出不同的基调。在快节奏的生活与不断追逐利益和效率的环境下，沉下心来画一幅画变得无比奢侈。对于很多人而言，马克笔与其他绘画工具并没有任何区别，其意义更多的是对效果图的快速表达。如今，手绘往往变成了他人眼中炫技的行为，设计软件与画笔表现的风格可能会形成巨大反差，在这种背景下，拒绝刻板、用画笔生动地表达内心，反而变成了一种强大的行为。

　　乐器依据演奏方式可分为不同流派，绘画也是一样的，马克笔在绘画者思绪和环境的影响下也能表现出不同的形式。用一定的水准和概念来表达对生活的热爱，引入新的思维方式，用独特的视角将主体从氛围中脱离，回归本真，利用技法从共性到个性，展示出工具独特的魅力，更能受到大家的认可。

　　一本关于马克笔手绘表现的图书摆在眼前，大多数读者的第一反应：书中一定是在讲述大体积色块和笔触的表现、如何快速表达画面效果等，同时还可能用大量相仿的案例与步骤讲解表现技法。但学习方法是与时俱进的，能从身边常见又触手可及的物品和场景出发，深度解剖，抹去烦琐的理论，进而精简概括，用更便于着手的方法讲给更多的读者，让读者放下心中对马克笔的戒备，从而拿起画笔尝试更多新的可能，是本书希望达到的目的。

目　　录

第三章　完整室内空间线稿绘制及马克笔上色步骤　▷ 96

第四章　室内空间手绘效果图欣赏　▷ 204

第一章
线条与空间秩序

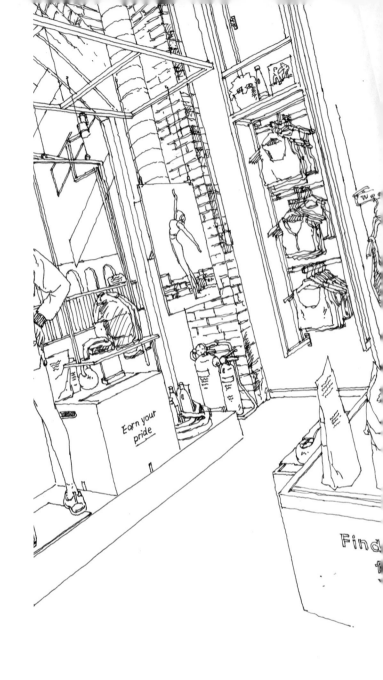

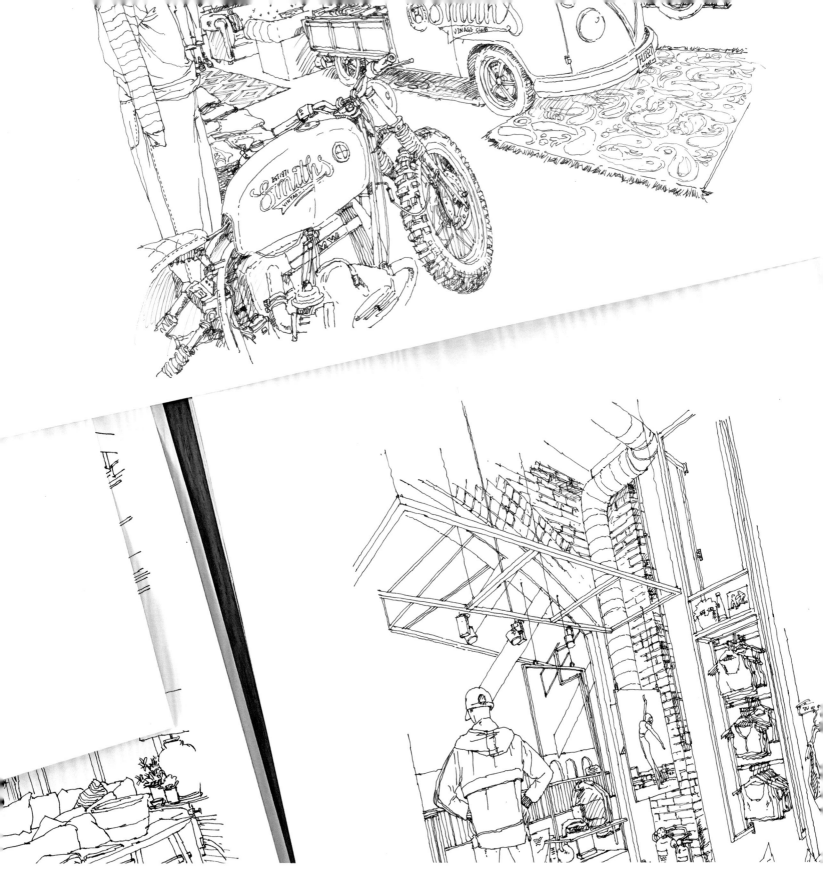

第一节　绘线工具

自动铅笔

自动铅笔是许多初学者的必备用品，用于辅助起线，它通常分 035、05、07、09 四个口径，其中 05 和 07 是大部分人喜欢选择的型号，并且笔芯更易买到，后续成本较低。自动铅笔的选择要注意以下几点。

（1）重量：慎用太重的全金属笔杆的自动铅笔。虽然它很有质感，受到不少同学喜欢，但是对手指的压力较大，线条绘制不够流畅。建议使用全塑料笔杆或半金属笔杆的自动铅笔。

（2）护芯管：护芯管即笔头最尖处，一般而言，书写类自动铅笔护芯管是锥形，绘图类自动铅笔护芯管是细尖管，后者绘制效果更犀利。建议选择绘图类自动铅笔护芯管。

（3）笔芯硬度：笔芯建议选择 2B，这是因为比 2B 硬的笔芯容易在纸面留下划痕，而比 2B 软的笔芯则容易在纸上留下太多粉末。

挑选自动铅笔小绝招　**"拆头装回，不断则优"**

试着旋转拆笔头，如果笔芯不断，则说明内胆吻合度较高，写起来会很稳，无论手感和重心如何，该方法至少可以证明内胆的吻合度较高，可以排除很多书写起来摇晃的自动铅笔。

推荐　自动铅笔：红环牌第二代绘图铅笔

——适合的重量，拿在手里没有压力

——结实的工程塑料，耐摔、耐磨

——4mm 长度的专业护芯管，适合绘制各种图形

——波浪形笔握，不易打滑

签字笔

签字笔其实是滚珠笔的一种，可以理解为水性版的圆珠笔。签字笔是近代书写习惯的产物，笔锋不如钢笔漂亮，但好在价格便宜、携带方便。签字笔的选择应注意以下几点。

（1）渗漏度：先快速画几根长线，再慢速画几根短线，看看有无墨水渗漏，有则不选。

（2）与马克笔的适配度：保证常用马克笔的笔触不会把常用签字笔画出的线蹭花或者晕开。

绘线工具
（扫码后观看）

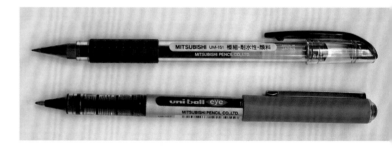

推荐　签字笔：三菱136和三菱157（136细一些，157粗一些）

——直液式供墨系统，出水顺滑，不易漏墨

——中性颜料，遇水不化，且遇到大部分马克笔也几乎不晕染

——笔尖比较尖锐锋利，适合表达变化的线条

注：普通幅面的画用三菱150即可，如果大面积作画，比如半开或全开幅面的考研快题设计，则建议用三菱157。

钢笔

钢笔是非常适合绘制线条的工具，它可以绘制出抑扬顿挫的线条，也可以绘制出行云流水的线条，是大多数手绘爱好者画效果图的首选工具。钢笔的选择要注意以下几点。

（1）流畅度：这是选择钢笔的基本条件，绝不能断线，断线的笔一律不考虑。

（2）出水度：选择出水适中的钢笔。出水太少不利于表达线条的力度，出水太多则容易弄脏纸面。通常而言，钢笔以中等顺滑度为佳。

（3）笔尖粗细：钢笔笔尖从细到粗可分为 EF、F、M、B，EF 是特细，F 是细，M 是中，B 是粗，根据书写习惯选择即可。通常而言，喜欢绘制粗犷的风景速写的人会选择 M 和 B 类笔尖，绘制手绘表现图则可选择 EF 和 F 类笔尖。

笔尖粗细的对比：用不同粗细的钢笔笔尖在纸面绘制的 1 立方厘米立方体的效果对比。

在同样尺寸的 3 张小纸片上试验，它们在实际操作过程中各有优劣。

（a）　　　　（b）　　　　（c）　　　　（d）

（a）EF 笔尖画出的线条最细腻，但是缺乏整体感和鲜明感。

（b）F 笔尖画出的线条粗细适中，不易出错，但在细节表现方面不如 EF 笔尖。

（c）M 笔尖画出的线条较粗，容易掌握大关系，整体感较好，但在细节表现方面最弱。

（d）把它们摆在一起对比，根据自己的习惯和需要选择钢笔笔尖的粗细。

挑选钢笔小绝招 　 **"碳素试水，顺滑则优"**

大家会发现一个现象，在文具店，卖家会准备一瓶稀释的红墨水给顾客试笔，那是因为红墨水不易因染尖而造成钢笔看起来不新，不影响存放和二次销售，这也是行业通常的做法。但是红墨水浓度通常较低，液体对笔尖的包裹能力较强，能试出钢笔的顺畅程度，却不易试出该款笔的供墨系统性能。因此在有条件的情况下，比如征求卖家同意的时候，应尽可能用碳素墨水试验，这样能更真实地了解钢笔的笔尖顺滑度，如果连使用黏稠的碳素墨水都能保证顺畅，那么该钢笔绘制线条的能力就很优秀。

推荐 钢笔：白金 KDP-3000A 速写钢笔

——纤细修长的笔杆，很适合绘制长线条

——塑料笔身，轻巧不压手

——14K 金笔尖，弹性极佳，不易断，可以在粗线和细线之间随意切换

——这款笔尖有一定的阻尼感，画起来顺而不滑腻，非常适合室内、建筑、景观速写

——金属笔尾的设计恰到好处，能平衡笔杆，在保证轻便的同时不会轻飘

墨水

黑色墨水分两种：染料墨水和碳素墨水，这在包装盒上都会标明。染料墨水不易堵笔，但通常不耐水；碳素墨水遇水不化，但太久不用容易堵笔。如果是画不上色的钢笔速写，推荐用染料墨水，但若用马克笔或者水彩上色，建议使用碳素墨水（若堵笔，拆下笔尖清洗一下即可），需要特殊晕染效果的情况除外。

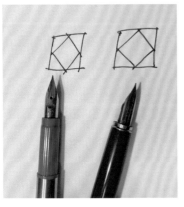
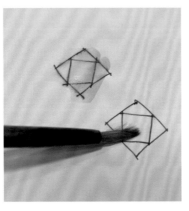

如图，左侧为碳素墨水，右侧为染料墨水，在没有沾水的情况下，看不出二者的区别，但是沾水以后二者的区别很大。通常，用碳素墨水起的线稿在马克笔的层层叠加下是不会晕染的。

第二节　线条基础

线条的构造与组成

直线条由线头和线体组成，绘制的时候应注意两头略重，中间略轻，整体用力均匀，不急促，也不缓慢，以最适合的速度去表达。

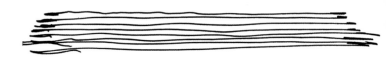

曲线条也由线头和线体组成。与直线条不同的是，曲线条需要带有一定的节奏，绘制过程中需要体现轻重缓急。

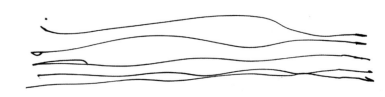

各种线条的力度各有差异。当两端线头较明显时，体现的是线条的力量感；当线头被隐藏时，体现的是线条的平缓感；当一端线头明显另一端线头被隐藏时，体现的是线条的自由感。

线条基础
（扫码后观看）

各种风格线条在手绘中的体现

单体家具的线稿表现步骤

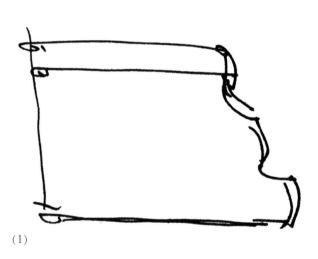

(1)

（1）大致勾勒出沙发的外轮廓。

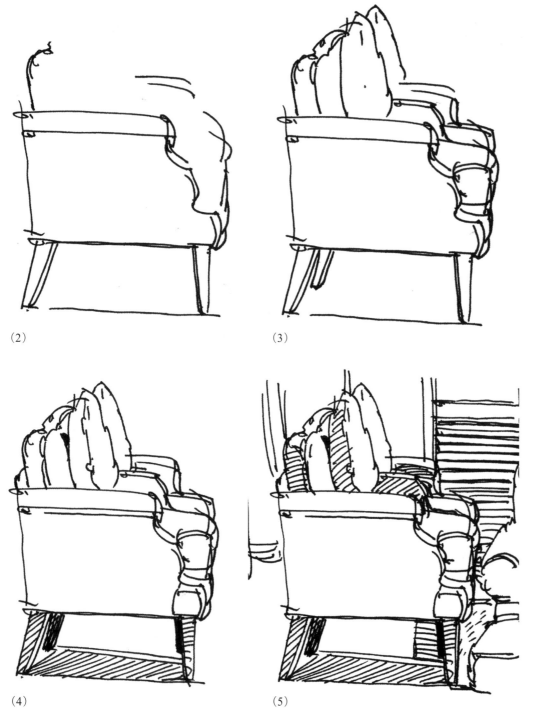

（2）

（3）

（4）

（5）

（2）画出沙发的脚，继续规整形体。

（3）画出靠背，细化扶手。

（4）以排线的方式画出投影。

（5）描绘背景，完成。

单体塑造
（扫码后观看）

各种家具的线稿表现

室内空间的线稿表现步骤

（1）在能确定空间透视的基础上，快速勾勒出墙面与天棚的轮廓，绘制出中心的桌椅，尽早确定画面的动态结构。

（2）依次绘制栏杆、椅子的肌理和墙面的材质。这是一个室内环境与室外景观相结合的场地，室外较开阔，可在这一步略微表达出远处的树林与天际线。

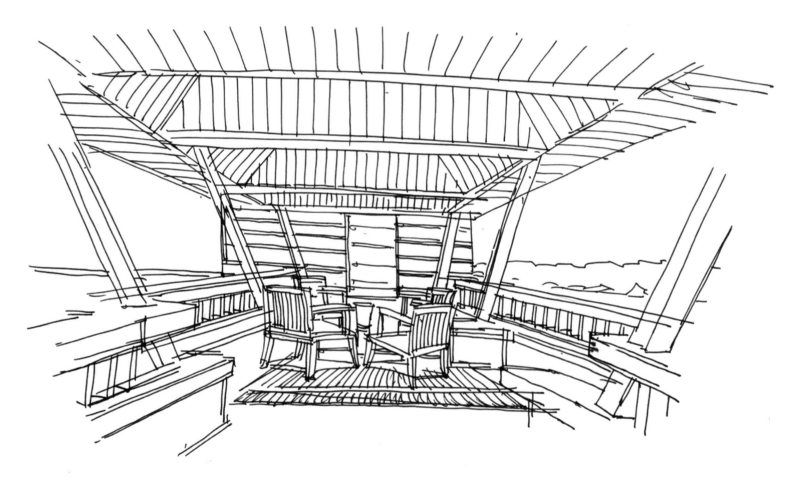

（3）上一步已经完全表达出场地的框架，接下来慢慢刻画天棚木材质即可。

（4）增强黑白灰关系，补足所需细节，完成画面。

各种室内场景的线稿表现

小场景线稿
（扫码后观看）

第三节　透视与构图原理

透视

"透视"一词源于拉丁文"perspclre"，指把看到的物体依据原理在媒介上表现出来，在媒介上呈现出立体感。透视的基本原理是近大远小。

透视有助于将平面视角转化为三维视角，从而表达设想，帮助设计师更好地传递信息。

色彩中也有透视的说法，颜色受空气、空间的影响，对于同一种颜色，近看亮丽，远看暗淡，近看清晰，远看模糊，近实远虚，眯着眼睛看时体会更深。

国画中还常用一种散点透视方法，它可以表现出咫尺千里的辽阔境界，既不对称，也不存在灭点、交点，仿佛远眺，画面开阔又磅礴大气。

灭点：参照近大远小原理，视线在远方逐渐聚合消失的点。

图中建筑物及街道顺着黄线往远处看越来越小，黄线和红线相交的点叫作灭点。

视平线：与人眼等高平行的水平线。

图中红线为视平线。

画框：人眼所见之处。

图中绿色线框代表人眼能看到的范围，称为画框。

透视原理

透视根据规律可分为一点透视、两点透视和三点透视。

一点透视原理

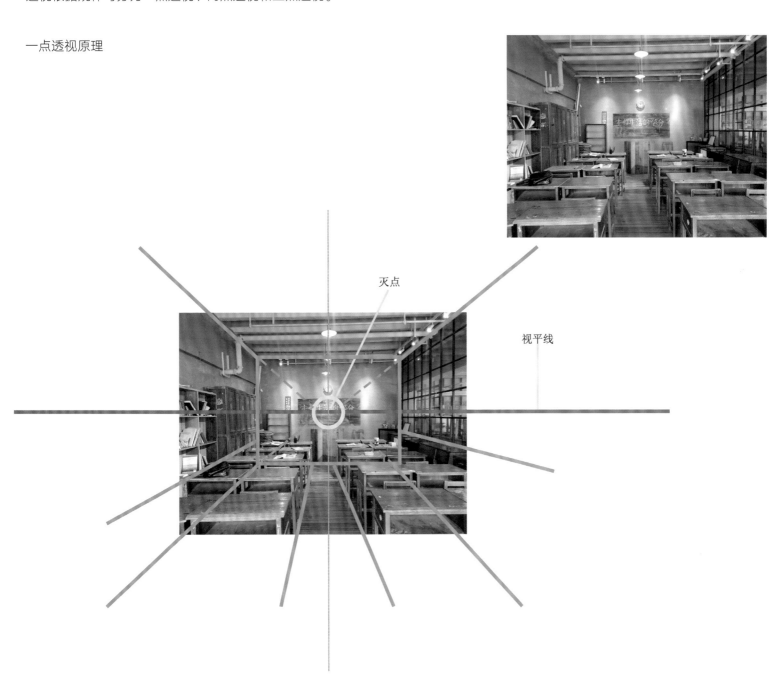

灭点

视平线

两点透视原理

视平线

三点透视原理

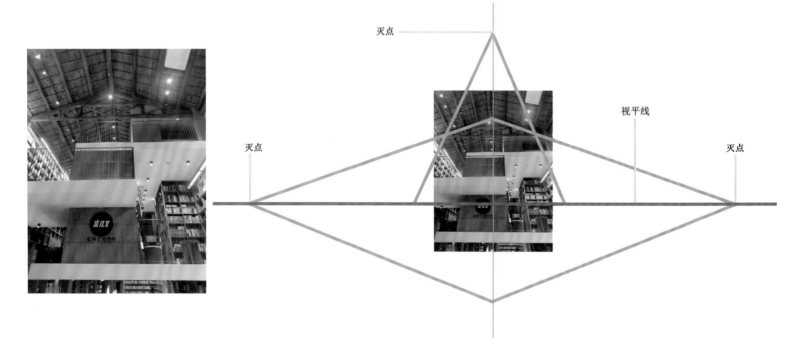

灭点

灭点

视平线

灭点

一点透视

　　一点透视又叫平行透视。因画面中的竖直面垂直于画面，形体不会发生变化，一点透视也叫正面透视。又因灭点只有 1 处，一点透视也称单点透视。一点透视呈现的效果简单直接，有很强的纵深感。

　　下图是很容易识别的一点透视典型案例——欧洲教堂室内手绘，画面左右两半几乎对称分布于灭点两侧，灭点在画面中。

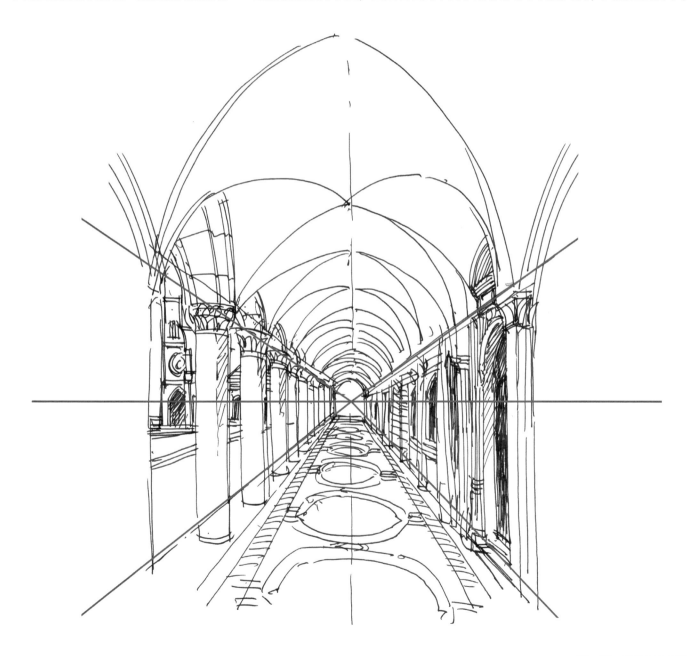

这种角度也是一点透视，只不过与上图欧洲教堂室内手绘相比，它只占据了画面的一半，灭点在画面之外或者在画面靠边的位置。

两点透视

两点透视也称成角透视，是绘画中常用的透视法则。两点透视可以使画面产生纵深感和立体感，物体边线的延长线会相交于视平线左右两侧的两点，除了垂线，其余的均为斜线。大到公共室内空间，小到沙发、桌椅等可以具象为方形的物体，都可以用两点透视来表现。如果说一点透视适合表现纵深感较强的室内空间，那么两点透视则擅长表现复杂的公共空间。

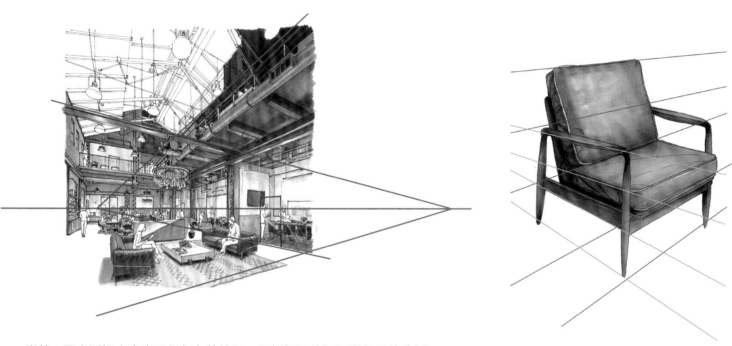

当然，两点透视也会出现很复杂的情况，要根据具体问题进行具体分析。

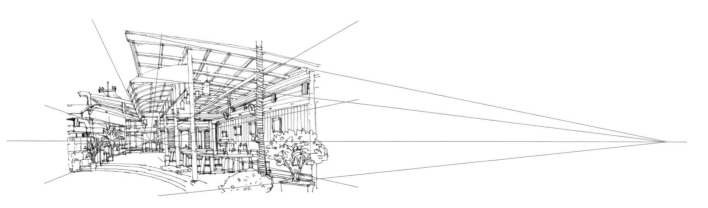

在这里有同学就要问了，下图两个室内空间看起来差不多，都属于办公空间，为何一个是一点透视图一个是两点透视图呢？

关键在于下图所示的红线上。我们可以将室内空间看成一个六面体，橙色是这个六面体的侧面，那么这根红线则是面与面之间的转折线。

左图的红线左侧依然见得到空间的 2 个侧面，且有 2 个灭点，因此它是两点透视图。右图的红线右侧是空的，只看得到空间的 1 个面，且只有 1 个灭点，因此它是一点透视图。

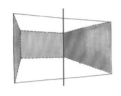

三点透视

　　三点透视又叫倾斜透视,画面中没有平行线,是透视效果中画面冲击力最强的一种,常用于表现建筑、景观、室内的鸟瞰图和仰视图等。三点透视图中的线条均为斜线,延长线可以相交在一起,形成 3 个灭点。

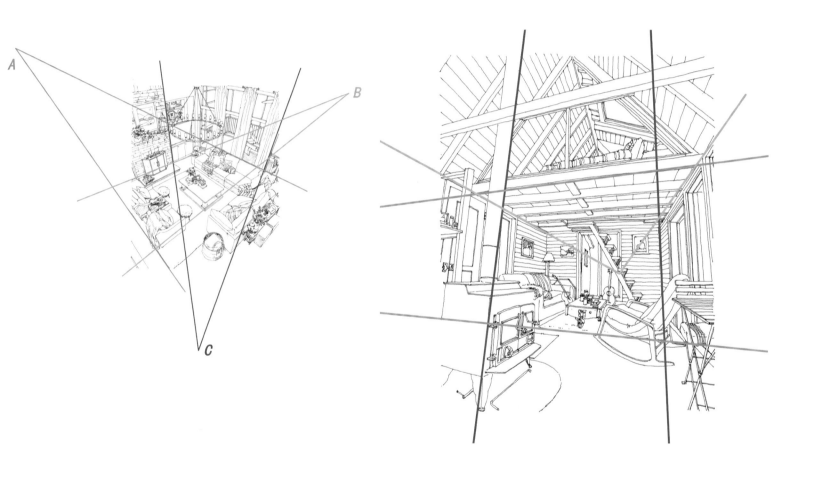

构图

说起构图，你脑海中浮现出的是什么？古希腊毕达哥拉斯学派研究的黄金分割比具有严格的艺术性和美感，其实不单国外古建筑有黄金比例，中国的建筑大多也遵循着一个原则，就是 $1:\sqrt{2}$。$\sqrt{2}$ 是一个无理数，是对 2 开算术平方根，约等于 1.414。

绘画其实并没有那么复杂，它更多的是在描述画面中的一个情节或故事，让画面中的各个部分组合成一个和谐的整体。

构图可以让画面合乎逻辑、均衡、更具稳定性，在透视的基础上形成具有对比性的画面，形状的大与小、高与矮、长与短、粗与细，颜色和灰度的深与浅、明与暗、冷与暖，都可以更好地为画面服务，从而突出主体，增强感染力和凝聚力。

横线、竖线、折线、斜线或波浪线等都可以用来分割画面。

无论是三分线、对角线、对称式、留白式构图，还是三角形、圆形、螺旋形、矩形、环形、S 形、X 形构图，都可以形成独特的形式与艺术风格，使画面更具情感。

构图在各种绘画中的体现如下。

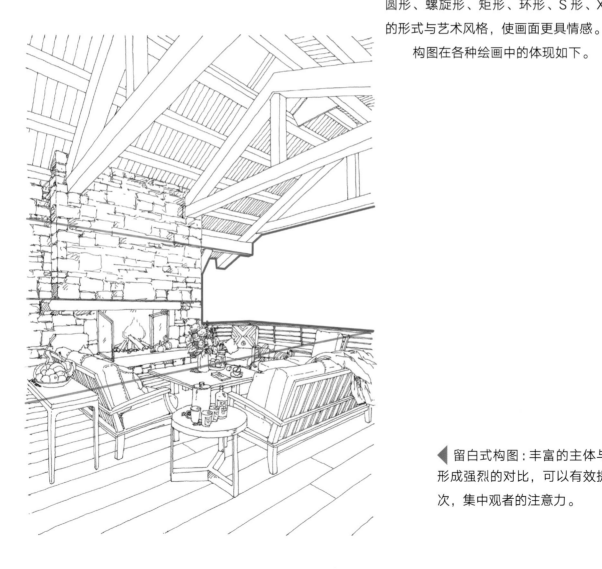

◀ 留白式构图：丰富的主体与背景形成强烈的对比，可以有效提炼主次，集中观者的注意力。

▲ 环形构图：四周呈圆形或环形包围状态，产生强烈的主体感，渲染气氛。

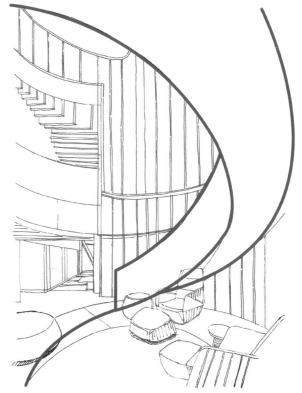

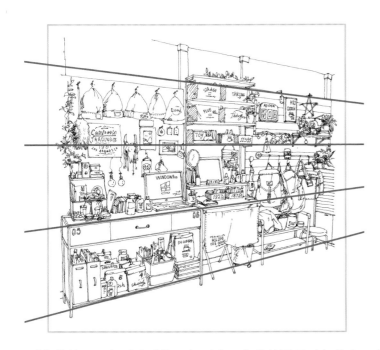

▲ 对角线构图：与对称式构图相对应。主体放置于对角线上，有延伸感和立体感。

▲ 曲线构图：有多种变化的曲线形式，可以表现延伸感，也可以表达飘逸感和秩序感。

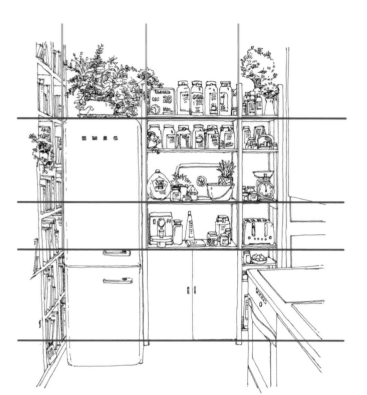

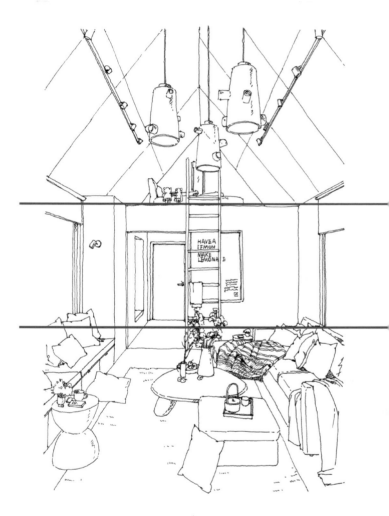

▶ 平行式构图：以水平线为总体形势，使画面整体产生稳定、安静的感觉，静中取动，使人产生无限联想。

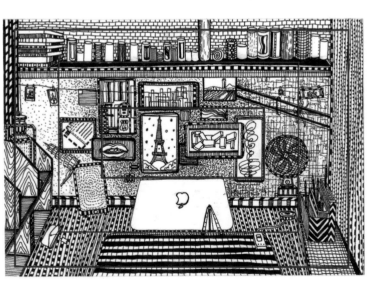

▲ 矩阵式构图：利用任意形式的矩形把形体框选在内，营造空间感与神秘感。

▲ 三分式构图：将画面分割成上、中、下或左、中、右三部分可以表现出平衡感与宽松感。

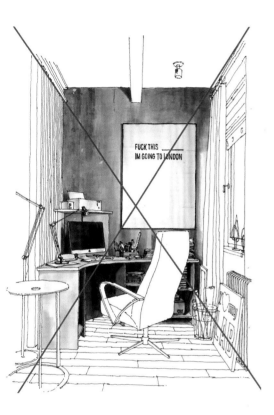

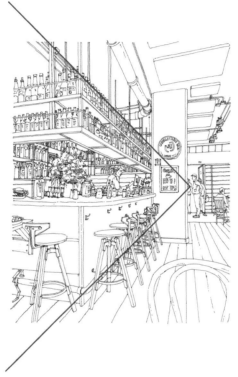

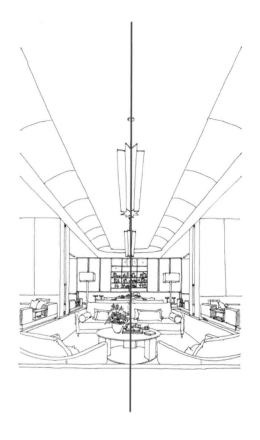

▲ X形构图：将物体按照 X 的形式排列组合，将人的视线从四周引向中心或从中心引向四周，让画面具有力量感和延伸感。

▲ 三角形构图：正三角形构图表现稳定感，斜三角形构图表现紧张感，倒三角形构图表现动感，三角形构图具有灵活、均衡的特点。

▲ 对称式构图：以画面中心为分隔，左右或上下两侧大致对称，使画面平衡、结构稳定。

第二章
马克笔初步基础

第一节　基础笔法

排笔法

排笔法是马克笔的基础技法，也是体现其自身特性较为便捷的表现方式。目前市面上大部分马克笔为双头，一头宽一头窄，宽头用于大面积涂抹，窄头用于细节修复。原本马克笔是没有双头的，因为用宽头马克笔的侧面也可以画出细线，但慢慢被各厂家改进成了双头，用于降低绘制门槛，从而也降低了教学难度。不同品牌的马克笔的宽头形状略有不同，如三福霹雳马牌马克笔的宽头呈半圆形，绘制出的笔触相对柔和多变；法卡勒牌马克笔的宽头呈方块形，绘制出的笔触相对强硬有力。

一、排笔法的基本行笔方式

有始有终——起落皆有停顿，简而言之就是起笔的时候和收笔的时候各自轻轻停顿一下，这样绘制出的笔触形体感较强，也是马克笔基础教学里常用的笔触。

（合适的速度与力度绘制出的笔触，收尾轻轻停顿1~2秒即可）

（停顿过久导致的晕染扩大）　（完全没有停顿导致的笔触形态疲软）

有始无终——起笔有停顿收笔无停顿，类似于扫帚扫地的效果，速度相对前者更快，马克笔轻轻画过纸面，有一定的笔触，这样绘制出的笔触力量感较强，用于增强物体的动感，有时候甚至会微微带一点飞白效果，用得较少。

（合适的速度与力度绘制出的笔触）　　　　（绘制速度过慢导致笔尾显得拖泥带水）

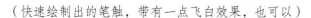

（快速绘制出的笔触，带有一点飞白效果，也可以）

这个时候同学们可能会疑惑：为何没有"无始无终"，就像素描中的无根之线？的确没有。这是马克笔与铅笔的差异，铅笔可以像滑翔机一样轻轻落在纸面，而马克笔很难。即使用马克笔画出了两端都无头的笔触，也需要耗费很多精力，而且这样画出来的笔触几乎没有太大意义。

马克笔基本笔法
（扫码后观看）

二、排笔法的叠加之法

叠加对于马克笔而言是非常重要的步骤，对于新手而言，依据章法对其进行约束和规整还是很有必要的。马克笔的溶剂一般为中性溶剂，在纸面会渗透（特殊的极其光滑的纸例外，如硫酸纸、哑粉纸等），而正是这种渗透性导致了马克笔的特性——速干，因此多个笔触的叠加会出现明显的边界，掌握这种边界的度需要花费一定的时间。

（常用距离的笔触叠加，产生一些深色叠色，推荐）

（稍稍把距离拉开进行的笔触叠加，产生一些留白，也推荐）

（笔触叠加得过于紧密，使整体色调加深，不推荐）

三、以排笔法为主的案例体现

（以明确的排笔法绘制出的案例1——小物品表达）

（以明确的排笔法绘制出的案例2——微建筑设计在快题中的体现）

（以明确的排笔法绘制出的案例3——柬埔寨洞里萨湖民居写生）

点笔法

点笔法是马克笔的一种非常重要的基础技法。很多同学有一种误解，觉得排笔法不是马克笔手绘的主流技法，因为它无法体现马克笔明快的笔触。这种观点是片面的，如果画面上所有笔触全是排笔法绘制，效果是很刻板的，正常情况下，应该运用多种技法去表现画面。

一、点笔法的基本行笔方式

直接点笔——相当于排笔法的缩短版，笔触会变成小方块或者小三角形，甚至出现变形，用于转角处和细部的表达。

揉搓点笔——使劲按压或抬升笔头，按压的时候颜料溢出，抬升的时候颜料收回，这样会产生更丰富的形态，使画面更有表现力。

二、点笔法的融合

点笔法通常用于处理细部或者表现柔软肌理，极少用于大面积涂抹（个性化创作例外），因此一般是在排笔法的基础上施以点笔，让画面层次刚中带柔，层次分明。

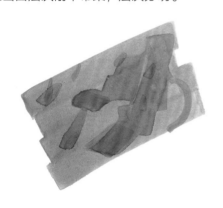

（排笔法和点笔法结合的基本表现形式）

三、以点笔法为主的案例体现

这幅作品中，绘制硬质部分时用到了少量排笔法，绘制植物部分时用的是点笔法。

（室内盆栽表现，刘启文绘）

这幅作品中，绘制植物部分时几乎全部使用点笔法，恰好因为此，阳光下植物蓬松而茂密的状态刻画得恰到好处，画面生动自然。

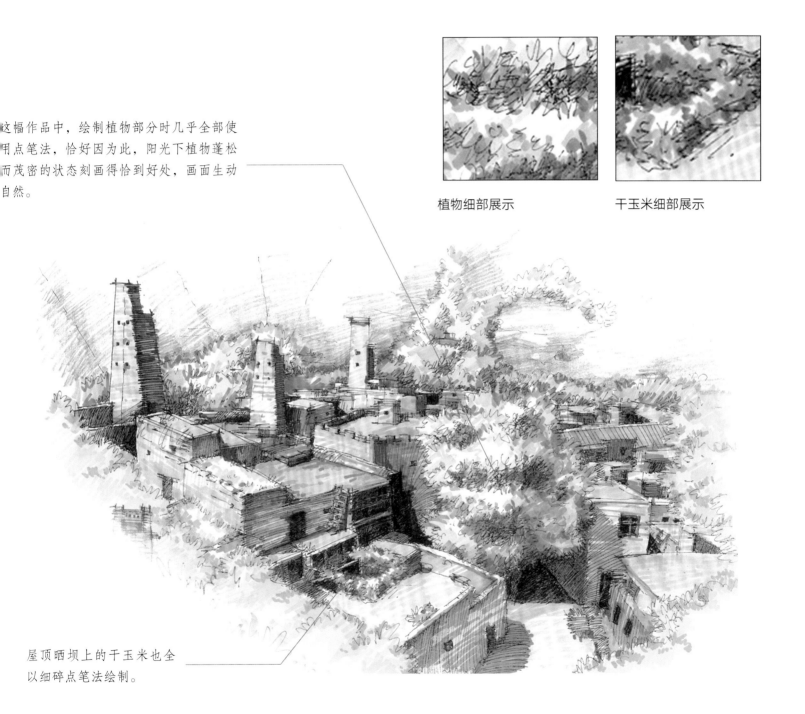

植物细部展示　　　　　干玉米细部展示

屋顶晒坝上的干玉米也全以细碎点笔法绘制。

（桃坪羌寨民居写生，张涵煦绘）

四、排笔法结合点笔法的案例体现

当屋顶过于光滑时，可以使用
点笔法适度装饰。

以排笔法大面积铺绘基层，
如屋顶、山花、墙体。

以紧密的细笔头的点笔
法表现毛草材质。

以稀疏的细笔头的点笔
法表现毛草材质。

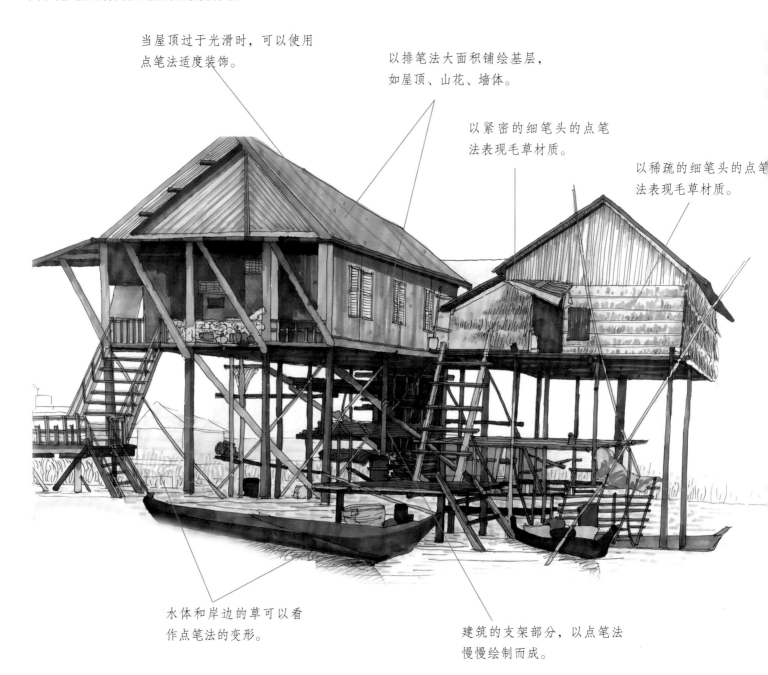

水体和岸边的草可以看
作点笔法的变形。

建筑的支架部分，以点笔法
慢慢绘制而成。

（柬埔寨洞里萨湖民居写生）

晕洗法

"晕"指晕染，"洗"指洗笔，晕洗法即由基础技法衍生的特殊表现形式，马克笔也可以像水彩那样调色，甚至更有韵味。相对于排笔法和点笔法，晕洗法不是常用、主流的行笔之法，但却可以取得特异的效果。

一、晕洗法的基本行笔方式

轻度晕洗——通常用于同类色或邻近色之间的相互融合，以表达细腻的肌理效果，如花卉、床上用品等。

重度晕洗——需要使劲按压笔头挤出颜料去调和，能用这种方式处理画面，说明之前上了不合适的颜色，需要人为稀释处理，一般情况下用得不多，通常用于急救。

二、晕洗法的融合

随时准备一小片湿纸巾在旁边——马克笔相互糅合的时候，浅色往往容易被深色浸染，从而影响下次使用，当然这无法完全避免，但是当浸染严重的时候需要及时用湿巾擦掉。

（例如，将一支灰色马克笔用于蓝色的晕洗，画完之后灰色笔头或多或少会浸染蓝色。）

（此时单独用它绘制色块会发现画出来的竟然是蓝色，再画几笔以后蓝色逐渐消退，露出本身的灰色。其实颜色相互混合有其特殊的美感，这也是晕洗法的精髓所在，但是在画完以后一定要记得及时用湿巾清洗，不然，如果下次再用这只灰色马克笔去晕洗蓝色的补色（比如橘黄），画面就会很脏。）

多准备几只无色或接近无色的浅色马克笔——很有必要，当马克笔笔头脏得无法清理的时候就要考虑换笔，通常各品牌都会有一只无色马克笔，笔芯里只有溶剂没有色素，它就是专为调和而生产的，很浅的灰色也具备此功能。

三、以晕洗法为主的案例体现

　　这幅作品中的人物衣着用到了很明显的晕洗法，是在蓝色底色上用浅黄色马克笔揉压出来的效果，显得生动活泼。

（伊朗街景写生，邱小芸绘）

这幅作品非常具有代表性，因为全是用晕洗法绘制而成的。这样绘制出的场景具有细腻的肌理感和糅合的光影感，虽然不像排笔法那样一气呵成，但是却另有一番风味。

墙上的牛皮纸袋和不锈钢烛台用晕洗法将环境色表现得精致而细腻。

被子用晕洗法表现得蓬松而温暖。

（室内陈设表现，丰琳绘）

马克笔加彩铅法

马克笔加彩铅（即彩色铅笔）法是非常受欢迎的一种表现技法，原理在于两种工具的结合使用降低了彩铅和马克笔的技法难度。

一、马克笔加彩铅法的基本行笔方式

在马克笔的基础上加彩铅——对于色调丰富的物品，如果单纯用马克笔绘制，需要耗费不少时间，而在马克笔的基础上加彩铅则可以快速完成，这种情况适合先用马克笔后用彩铅。

比如下图的汽车，用马克笔几乎已经画出需要表达的内容，只是需要后期用彩铅增强一些微妙的色彩变化，因此 90% 的精力花在了马克笔绘制上，10% 的精力花在了彩铅绘制上。

马克笔 + 彩铅 | **基本步骤**

（1）用钢笔画出所有线稿。

（2）用马克笔初步铺出大致的色块。

（3）用马克笔加深明暗关系，适当深入刻画。

（4）用彩铅表达背景植物和汽车油漆细微的色彩变化。

在彩铅的基础上加马克笔——对于明暗关系强烈的物品，如果单纯用彩铅绘制，很难快速把暗部压下去，而在彩铅的基础上适当以1~2支马克笔压一下深色则可快速完成，这种情况适合先用彩铅再用马克笔。

比如下图的沙发，用彩铅几乎已经画出需要表达的内容，只是需要后期用马克笔增强黑白灰关系，因此90%的精力花在了彩铅绘制上，10%的精力花在了马克笔绘制上。

马克笔 + 彩铅 **基本步骤**

（1）用钢笔画出所有线稿。

（2）用彩铅初步铺出大致的色块。

（3）用彩铅强化色彩关系，适当深入刻画。

（4）用一支深灰色马克笔强化黑白关系，
让画面更立体。

二、马克笔加彩铅法的案例体现

（1）地面和墙面用概括的方式快速表现出明暗关系。

（2）天空若用马克笔绘制蓝色，有可能与屋顶粘连，所以用了彩铅，并且彩铅的行笔方向与屋顶坡面相合。

（3）屋顶用深橘黄色马克笔铺满，用朱红色彩铅以稀疏的行笔方式增强光影感。

（4）屋面除了以棕色彩铅增强饱和度，也用橘红色彩铅与屋顶呼应，让建筑更协调。

提白与遮边法

除了之前提到的几种主流方法，提白与遮边法也常用在绘图过程中。它们属于辅助方法，不是必然存在的，但在很多情况下，或能提高效率，或能画龙点睛，比较好掌握。

一、提白法的使用

提白主要用于提亮高光，或在画面中有导视牌、广告牌的时候用于写文字。通常提白的面积很小，以白点或白线表现，不值得专门花费时间使用留白胶。使用留白胶更费时间。

提白的工具有很多，常用的是白色高光笔，不建议过多用涂改液，因为出水量太大容易影响画面效果，但还是需要备一支，原因稍后会谈到。

用马克笔铺上底色，一定要干透才能用高光笔。

用适中的力度写字，力度太轻不易出水，力度太重白色会被压薄。

可以看出，提白的字体无论如何都存在浓淡不一甚至断线的情况。

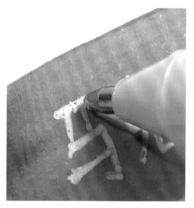

接下来就会面临补线，切不可以杵点的方式去补，这样会显得不均匀，形成很多乱点。

第一遍已经初步写出了雏形，只是浓淡不均，补线的时候可以轻轻多次来回滑动笔头，让充盈的白墨水顺利流出，达到补线效果。

（用这种方法可以在深色底色上简单提出字体和图案。）

但是有一个问题一定要注意，不同品牌的马克笔溶剂材质不一样，有可能出现高光笔和马克笔底色相互溶解的情况，无法避免。

刚涂上马克笔看不出来有任何区别。

写第一遍字，就已经迅速出现溶解迹象。

无论写几遍，白色高光笔都会被红色底色溶解成黄色，提白失败。

对比会溶解高光笔的马克笔与不会溶解高光笔的马克笔所表现的画面效果。

这种情况的出现是很随机的，有可能同一个品牌马克笔的蓝色不会溶解高光笔，而红色会溶解高光笔，遇到这种情况应立刻改用涂改液，虽然效果弱于高光笔，但也是权宜之计。

香水瓶瓶口丝带的亮部、瓶底透光可见的钢印、玻璃瓶身的亮部均为高光笔提出。

（刘琳绘）

咖啡馆招牌的字母、屋檐茅草的亮部，以及桌椅的亮部均为高光笔提出。

二、遮边法的使用

遮边主要是以纸胶带封住画面轮廓，以免涂色的时候涂乱。这种方法适合外形见方且不规则的画面。

尽量选择质量适中的纸胶带，因为这种纸胶带通常很蓬松，不仅便宜，而且黏性不好，若买高品质的黏性很好的纸胶带，撕开的时候很容易撕坏画纸。纸胶带在这里的作用不是粘贴，而是避色。

用纸胶带遮住外形，轻轻按压，但是不要留有气泡。

封住的区域内可以任意涂抹。

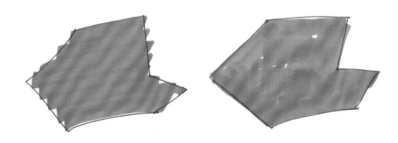

不规则的形体很容易留下破碎的笔触，但若要避免笔触破碎，就会耗费更多时间，并且会产生不同方向的凌乱笔触。

撕开以后留下的就是有用的区域。

第二节 单体及小组造型

帆布椅

重难点：

（1）处理布艺面料和铝合金框架的关系；

（2）在刻画的基础上表现出整体轻盈、结实的质感。

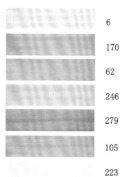

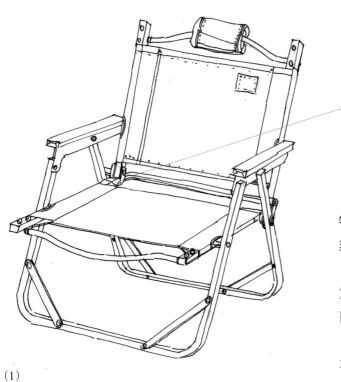

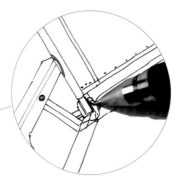

（1）

（1）形体受拍摄广角影响，近大远小的属性更为突出，在墨线着色时留下物体本身锋利的线条可更好把握形体特征，除整体大框架外，一些细小处的刻画更能显示出椅子的精致。

（2）抛开所有调色、光影，用最接近固有色的马克笔直击正面，可先从较重的地方入手，选取饱和度较低的黄色系进行涂刷，省略部分空白处为后面的上色留有余地。

（3）防水质地的面料本身带有颗粒感，用笔时适量保留笔触，轻扫一遍，不必过分纠结笔触的重叠处颜色变深。

（2）

（3）

（4）

（5）

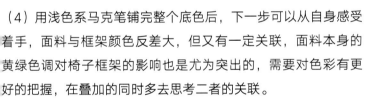

（4）用浅色系马克笔铺完整个底色后，下一步可以从自身感受着手，面料与框架颜色反差大，但又有一定关联，面料本身的黄绿色调对椅子框架的影响也是尤为突出的，需要对色彩有更好的把握，在叠加的同时多去思考二者的关联。

（5）布料本身缺少反光属性，各个部分之间的交织就显得更为紧密，他们之间也不需要刻画得太过明显，选黄绿色的马克笔轻轻涂抹，适度刻画阴影与光感。

（6）深色的介入不仅使物体更具体积感，用浅蓝绿色的马克笔涂抹暗部，也会使画面更具稳定感。提亮边缘，用水性笔弥补线稿阶段的不足之处，让材质的纹理、阴影和各颜色相互融合，最终使画面更丰富。

（6）

真皮椅

重难点：

（1）同类颜色的区分；

（2）包覆材质体积感的表现；

（3）两点透视下椅子各部分的组合关系。

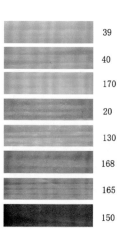

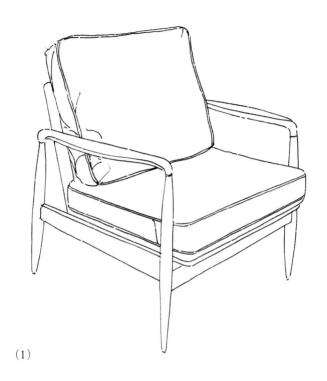

（1）

（2）

（3）

（1）两点透视下的扶手椅，受拍摄角度的影响，更具有近大远小的关系，因具备 2 个消失点，不仅要把握椅垫的形态，还要找好框架的位置关系。

（2）参照素描排线的方式铺出椅子的受光面。

（3）用偏橘红色的灰色系马克笔铺满椅垫，用偏褐色的马克笔画出木框架，在第二遍上色时就需要注意明暗的区分。

（4）

（4）物体转折处和非受光面受照射影响颜色更深，施加深色时可以用同色系叠加，一些边角的加深可以突显椅子的稳重感。

（5）从这一步开始，椅子的固有色系、体积感都已具备，可以开始对画面添加深色，但深色也一定是有色彩倾向的，绝非纯黑或纯灰，受椅子本身颜色的影响，深色系也一定是偏向红褐色调的。

（6）受材质影响，椅子本身便具有一定的光泽感，对于颜色的运用在这一步更像是覆膜上去，在具备一定细节的基础上，添加更能体现质地的红色系。

不用担心颜色过于突兀，可以适当保留一定的笔触感，深褐色的马克笔排布更像是垫子的自然折痕，高光笔对于边缘的亮化处理可以让椅子的体积感更为强烈，用中间灰度的红色调整纹理，完成收尾工作。

（5）

（6）

沙发单体线稿绘制
及马克笔上色步骤
（扫码后观看）

沙发

重难点：

（1）用同色相马克笔表现沙发；

（2）多物品情况下对透视及投影的掌握。

	6
	8
	170
	177

（1）线稿的描绘尽量锋利，不过分揉搓，快速表现出沙发方正蓬松的质感。

（2）使用明亮的黄色马克笔通铺画面，为表现沙发的明亮度，边缘留白，在画面中进行有意的割舍，更易产生意料之外的效果。

（3）选择灰度适中、同色阶、同色系的黄色进行加深，保留笔触感，找到把颜色轻轻放于纸面上的细腻感，在绘画的过程中不单要有效果，也要有心情。

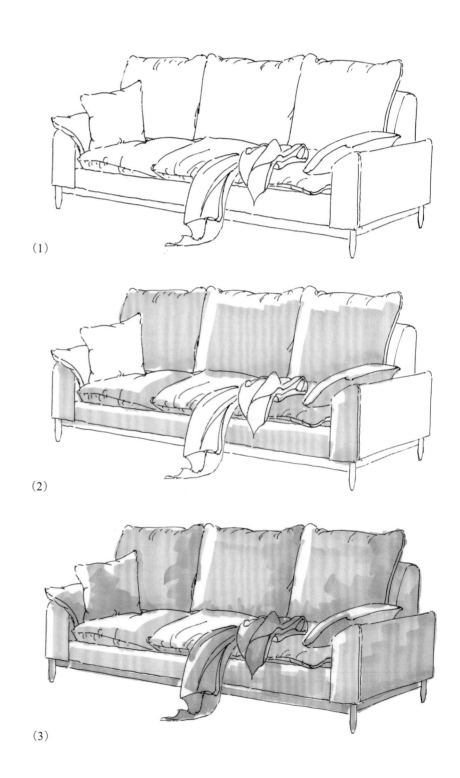

（1）

（2）

（3）

（4）

（4）一些细小的部位使用马克笔较细的一头起笔，因为空间较小，想表现出锋利的笔触也较为困难，它更适合表现细节部分。

（5）用笔绝不是来回涂刷的，在需要强调的地方就大胆下手，适度区分笔触的粗细与间隔，以此来表达通透感和光线感。

（5）

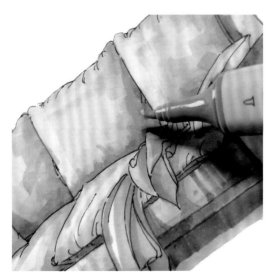

茶几

重难点：

（1）如何表现木材与金属相结合的工业风；

（2）如何用高光笔表现结构。

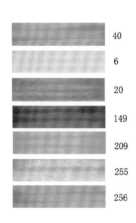

（1）偏向工业风的茶几多以铁、钢为材料，质感坚硬，没有过于复杂的线条，只有大块切割而成的面，线稿也应表现出硬朗的感觉。

（2）桌面与光线直接接触，为表现出马克笔丰富的笔触，可以用颜色人为地做出区分。如何打碎过于紧绷的线条，突破教条的颜色？可以从光与影或材质本身入手。

（3）第二层桌面处于阴影处，色差较小，可将其明度降低，为与第一层桌面区分开，不要选择纯度较高的色彩。笔触的排列多考虑结构特征，大笔触更适合快速表达物体本身。

(1)

(2)

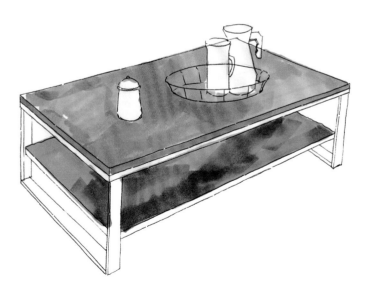

(3)

（4）

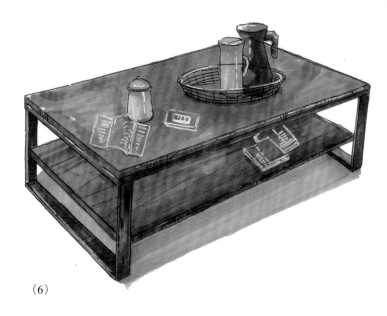

（6）

（5）

（4）这一步开始着手于深色的桌腿，此时要注意不要被桌腿本身的黑色迷惑，慎用过深的颜色，为后面的描绘留有空间。

（5）不需要太多笔触的刻画，用两支不同饱和度的灰色顺壶体而下，两个不同颜色的壶用固有色相互覆盖，在各自独立的前提下又有关联，形成反差的同时又带有融合性。

（6）桌面上摆放的小物件和茶几本身有明显的材质区分，偏于金属的材质更容易受到光线的影响，高光笔沿光线处下笔，无须过多表现，即可区分出棱角。

餐边柜

重难点：

（1）木纹的表现；

（2）亮部的亚光如何在刻画中慢慢体现。

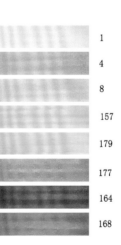

（1）

（2）

（3）

（1）细致绘制线稿，如果对形体把握得不准确，可以在此步骤多停留一些时间，去思考想要为它营造出什么样的感觉，是线条硬朗的工业作品，还是充满艺术性的摆件。

（2）不用纠结从哪里起笔，第一感觉可以是暗部，也可以是明亮处。底色确定冷暖，装饰性的颜色表现光感体积。

（3）即使各处通铺一样的色彩，在第一遍上色结束时，对于体积的理解也会更加明确，在尊重形态的基础上用色彩区分材质，模糊界限，对黑、白、冷、暖有更简单的交代。

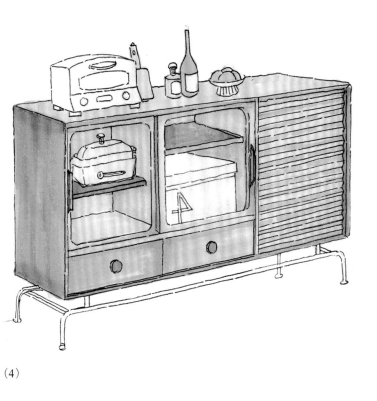

（4）

（5）

（4）着色时，会自觉地下笔于暗处，因浅黄色偏中性，故用同色系马克笔再次归纳形体，随时停顿观察整体，以中性色调和暗部，在过程中尝试新的可能。

（5）每个物体都并非孤立，相互间有细微的关联，可以融合，也可以概括。用黄色系和棕色系对形体及结构进行颜色叠加与塑造，让多个物体形成更为紧密的组合，可以对物品进行人为化的处理。

（6）笔触沿物体转折处平行排布，在不同位置寻找不同的笔触，思考哪里需要更加严谨，而哪里需要稍显放肆活跃画面，可以放下心中执念去大胆突破，或许会有新的可能。

（6）

木箱子

重难点：

（1）丰富的线稿对画面的影响；

（2）同色系间颜色的区分。

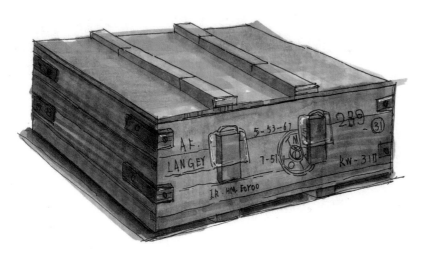

	1
	162
	39
	246
	133
	265
	124

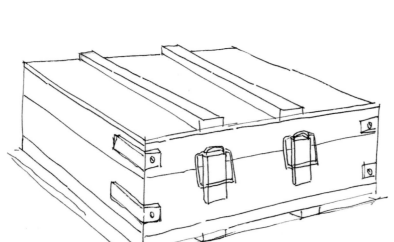

（1）木质箱形体方正，用线稿概括出其大体框架，因为很多细节性的东西偏于装饰性，可以留到后期着色完成后补充。

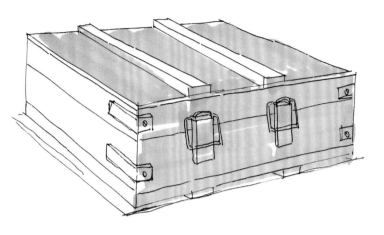

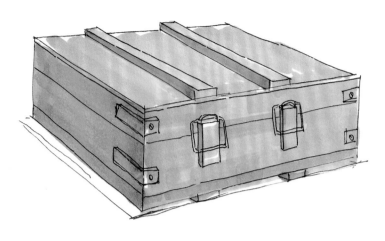

（2）第一遍用大笔触排布出木箱底色，快速覆盖，不做过多停留，那里可以严谨，哪里可以放松，在脑海里不断浮现出尺度的概念。

（3）尽量选择饱和度较低的色彩，如果用力过猛形成巨大反差，更易造成堵塞的感觉，处处留有空间，为下一步颜色的运用做好铺垫。

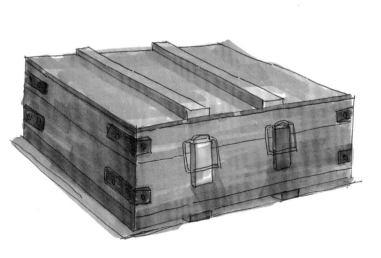

（4）在加深过程中开始注意细节与暗部，不需要使用颜色过深的马克笔，选择带有倾向性的中灰色、红黄色系来区分明暗关系，也可以使用同色叠加来加深明暗关系。

（5）遇到斑驳的地方，可以用 0 号色稍加修饰，用红褐色的马克笔加深暗部，让色彩慢慢与周围颜色融合，可以用铅笔对装饰物进行细节性的补充，用高光笔提亮边缘，完成画面的收尾工作。

铁皮柜

重难点：

（1）复杂形体间颜色的表达；

（2）斑驳漆对物体的影响。

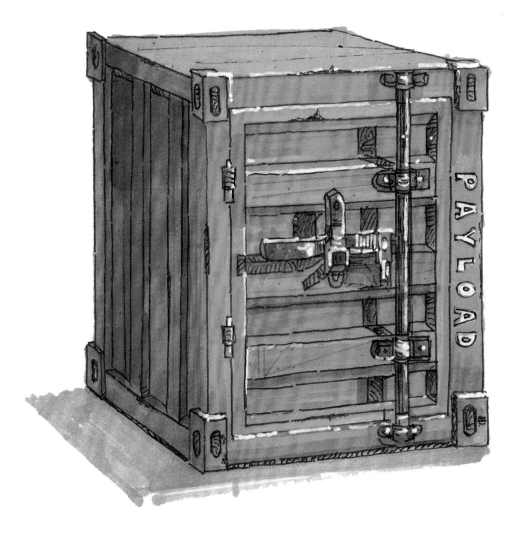

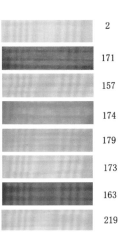

	2
	171
	157
	174
	179
	173
	163
	219

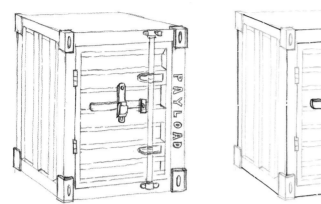 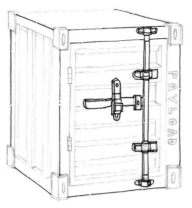 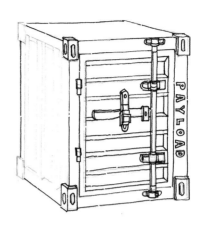

（1）首先，用铅笔勾勒出铁皮柜的轮廓造型和细节；其次，用钢笔勾勒铅笔线稿的外轮廓造型；最后，刻画出铁皮柜的造型细节。丰富的线稿会让后期的马克笔上色变得更加轻松。

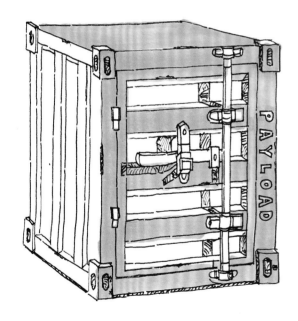 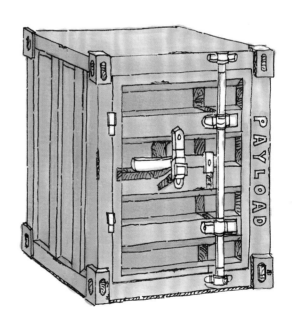

（2）根据铁皮柜的颜色倾向，用橘黄色马克笔平铺柜子的亮部。涂刷过油漆的铁皮柜表面本身便富有光泽，在光线的映衬下更有微妙的晕色，因此柜子采用排笔法进行铺色，以让柜子颜色更加透明。

（3）选用深两个度的橘黄色马克笔对柜子的暗部进行着色。因为光线反射的轮廓相对柔和，过于强调马克笔的笔触会破坏铁皮柜的质感，所以在铺色时，薄涂轻刷，缓慢铺色，更容易让铁皮柜颜色和质感变得更细腻、丰富。

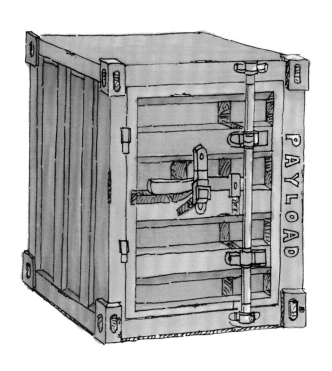

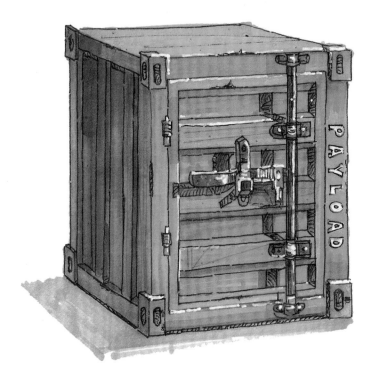

（4）进一步刻画铁皮柜的一些细小部位，对其进行着色。由于细节较多且颜色丰富，可以采用马克笔的细笔头进行着色。对铁皮柜暗部叠加颜色，让暗部颜色冷暖相间。

（5）根据光影情况，进一步对铁皮柜叠加颜色，让其质感变得更加细腻。用钢笔细化线稿，并且用白色高光笔勾勒高光和铁皮柜上的英文字母。用排笔法刻画出柜子的投影。

床

重难点：

（1）柔软物体体积感的表现；

（2）物体在没有明显光源时的表达。

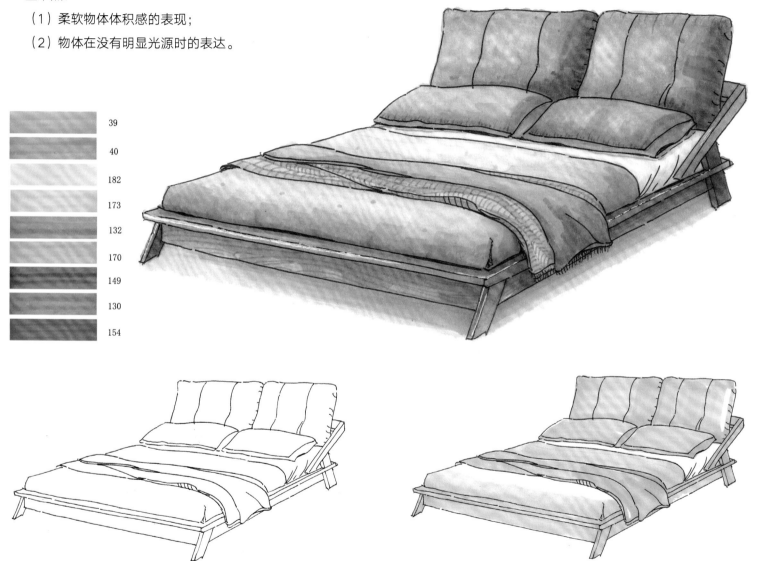

	39
	40
	182
	173
	132
	170
	149
	130
	154

（1）床头、床体、床垫，每个物体都在不同的高度，从而导致整个床对透视的要求更为严格，可以不用铅笔起底，直接用签字笔上手，兴许会有不一样的发现。

（2）床本身就由柔软的填充物构成，颜色清淡，质地松软，马克笔的铺设可适当放轻，淡淡的褐色系是很好的选择。

（3）第二遍的颜色就是叠加，但更要有颜色倾向，不要选择太红的颜色，应尽量降低纯度。不同材质间要有颜色的区分，适当留白，为后续做好铺垫。

（4）此时整个物体已基本成形，随着颜色的深入，体积感也越发明显。受纸张影响，颜色渗透性很强，也更需要透明，在原来马克笔色号的基础上，上下浮动一两度是很好的选择。

（5）接下来要做的是深入刻画各暗部与明处，以及细节性的地方，因为床的质地不反光，对留白的处理也是弱化的。如何使枕头看起来蓬松、床垫柔软舒适，是在研究形体的走向与笔触时需要考究的。

（6）床笠包裹的床垫、蓬松的靠枕、散落在床上的毯子，与其说是画床，不如说是画这些柔软的东西。用黄、红、褐、灰几种低亮度的马克笔一边混色一边勾勒暗部细节，可以表现出柔和的光线。

微波炉组合

重难点：

（1）如何区分出蓝罐和绿罐微妙的色彩差异；

（2）如何体现暗色的透明玻璃质感；

（3）如何体现微波炉内的物体。

（1）

（2）

（3）

（1）勾画出架子和陶瓷罐的外轮廓。

（2）起稿时需要注意整个组合的垂直线很多，稍有不慎便会相互交织影响，尽可能放慢绘制速度。

（3）简单描绘出微波炉内部结构，其实微波炉的内部就像室内环境，重要的部分需要交代清楚，而细微处则可以提炼并决定是否省略。

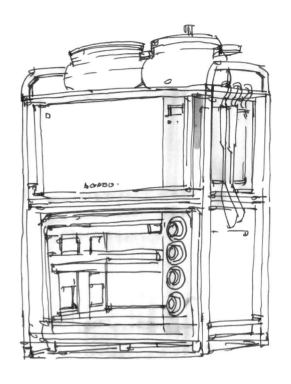

（4）用微偏蓝调的中浅度灰色马克笔铺一遍底色。

（5）用中度深浅的蓝色绘制两个罐子和微波炉的玻璃窗，然后在其中一个罐子上蒙一层淡淡的草绿色，这样两个罐子的色调就区分开了，并且不会出现较大反差，相对和谐。

（6）对整个组合施加深色，但是要慎用纯黑色，以免造成不透气的感觉。

（4）

（5）

（6）

(7)

(8)

(9)

（7）之前提到的马克笔加彩铅的综合技法，用在这里恰到好处，深蓝色彩铅不仅可以给金属质感的柜子增添一丝天光的颜色，还可以让两个罐子的色调更饱满。

（8）此时发现微波炉内细节不足，所以需要临时补钢笔线条，加上几个烤蛋糕，让画面更真实。

（9）用高光笔对蛋糕的油亮部分进行提白，完成画作。

盆栽

重难点：

（1）植物的绘制如何做到形散神聚；

（2）如何体现暗色的透明玻璃质感。

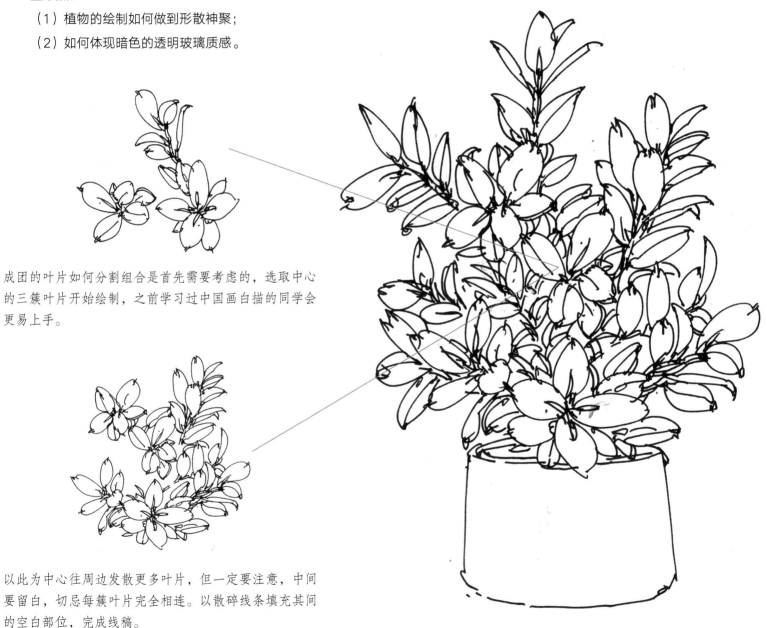

成团的叶片如何分割组合是首先需要考虑的，选取中心的三簇叶片开始绘制，之前学习过中国画白描的同学会更易上手。

以此为中心往周边发散更多叶片，但一定要注意，中间要留白，切忌每簇叶片完全相连。以散碎线条填充其间的空白部位，完成线稿。

（1）

（2）

（3）

（1）室内绿色盆栽植物底色的绘制比景观手绘简单。用很浅的暖绿色直接平铺一遍。

（2）用比它略深的橄榄绿画出暗部，在这两步不用按照每片叶子的外形涂抹，直接平涂即可。

（3）以较深的橄榄绿加深植物的暗部，植物本身是透光的物体，因此不宜把暗部绘制得过黑，在景观手绘中可以把植物的黑、白、灰关系画得明确一点，但在室内手绘中，植物一般都是摆在桌上的，光线较强，要注意区分。

（4）前几步相对简单明了，室内盆栽绘制的难点在于叶片环境色的绘制。环境色的尺度要恰到好处，太简单体现不出色彩变化，太复杂容易显得杂乱。首先，用蓝紫色马克笔选几处叶尖进行涂抹；然后，当蓝色绘制过度的时候，可以用绿色彩铅压一下，以形成平衡；最后，以画龙点睛的方式在暗部与亮部交接的部位用紫红色彩铅稍微点几笔，让画面更耐看，此时切忌用紫红色马克笔，那样会晕染过头。

（4）

组合植物

重难点：

（1）如何区分出植物微妙的色彩差异
和前后关系；

（2）如何体现箱子的木纹肌理；

（3）如何表现箱子上的文字。

（1）先用轻松流畅的线条勾勒出木箱、花盆和植物的外轮廓，再细致表达植物间不同的风貌，之后根据透视关系刻画木箱的细节。

（2）根据物体颜色倾向选择颜色合适的马克笔平铺一遍物体。铺色期间可适当留出一些空间以便于第二遍铺色。

（3）叠加一些偏冷的颜色，植物着色时用马克笔细笔头以点笔法叠加，木箱着色时则用扫笔法叠加。再对物体的暗部进行塑造，拉开前后关系，用马克笔细笔头进一步勾勒木箱和植物的细节。用深灰色马克笔以揉搓的笔触刻画出木箱上的文字。

（1）

（2）

（3）

雕像

重难点：

（1）沧桑感与历史感的表现；

（2）灰土色与红黄色间的微妙差异。

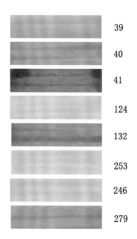

	39
	40
	41
	124
	132
	253
	246
	279

(1)　　　　　　　　　　　　　　　　　　　　　　(2)　　　　　　　　　　　　　　　　　　　　　　(3)

（1）犍陀罗文明时期的雕像，每一个部分都在诉说着文明与历史，秀在其表，韵在其中。第一步勾画出整体的轮廓，因为袈裟的褶皱居多，后期要尽可能多地表现体积感，在画这一部分时尽量放慢节奏，厘清每个面之间的关系。

（2）现如今颜色虽然多了一分沉淀，但依旧神采奕奕。受岁月洗礼，整体颜色倾向于灰色调，其中带有一定的黄色属性。提炼出不同部位间颜色的微弱差异，才能更好地为后面的刻画营造条件。

（3）雕像整体为磨砂质地，颜色饱和度低，仔细观察每条纹理，每个部分受光线的影响不同，用浅色系铺颜色时，可以在这一步有意区分明暗转折处的关系。

（4） （5） （6）

（4）颜色的不断叠加让雕像逐渐成型，为避免出现不透气的感觉，对深颜色的施加要多把握色彩倾向，暗部偏于黄红色系，亮部偏于黄灰色系，当寻找其中颜色的变化时，就会发现其中的明暗与细节慢慢浮现。

（5）画到此刻，灰色系、黄色系、红色系的马克笔均在形体上有所体现，同笔的同色覆盖对于颜色深处的融合更为重要，用微淡的颜色糅合暗部的肌理效果，明确关系。

（6）雕像不像大理石那么富有光泽，因其本身质地粗糙，0号马克笔可以让颜色更加渗透，用高光笔突出褶皱雕刻的锋利处，让整个雕像更加协调，神情自若，巍然屹立。

置物架

重难点：

（1）废旧金属生锈质感的表现；

（2）枕头蓬松质感的表现。

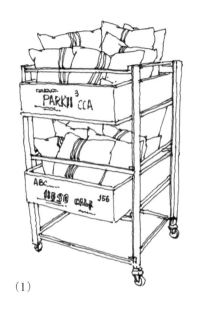

（1）

（2）

（1）首先用轻松流畅的线条勾勒出物体的外轮廓；其次根据透视关系刻画金属框架和细节；最后细致表达枕头的前后关系和纹理。

（2）根据物体颜色倾向，用马克笔平铺一遍金属框架和木板的颜色。铺色期间可适当留出一些空间，以便于第二遍铺色。

（3）对枕头进行铺色，先铺浅色后铺深色，最后用
马克笔细笔头叠加一些偏冷的颜色，让颜色更加丰富。

（4）用暖灰色马克笔对枕头叠加暖色，用马克笔细
笔头进一步刻画金属框架和木板的颜色细节，用高光
笔勾勒出高光。

灯具组合

重难点：

（1）同类色金属材质的表现与区分；

（2）金属质感的细腻表达；

（3）玻璃质感的刻画。

（1）

（2）

（1）根据物体比例关系，用流畅且轻松的线条勾勒出物体的外轮廓，刻画每个物体的细节。

（2）根据物体的颜色倾向，对后面的物体略微上一层底色，可刻画一些颜色变化。

（3）

（4）

（5）

（3）用同类色对灯具进行铺色，注意区分每个物体的颜色。可适当叠加一些橘红色，让物体有颜色变化的同时，刻画出生锈金属的质感。

（4）用冷灰色对灯具玻璃灯罩进行上色。上色应遵循先浅后深的原则，高光位置暂时留白。

（5）再一次对物体各个位置进行铺色，进一步加深物体明暗关系和颜色变化，完成后叠加一些冷色。最后用马克笔细笔头刻画金属丝，并用高光笔勾勒物体高光，让金属质感表现得更细腻、突出。

灯具组合绘制
（扫码后观看）

咖啡壶陈设组合

重难点：

（1）金属餐具的光影表达；

（2）玻璃的环境色表达；

（3）咖啡豆的材质表达。

选择中心的大号玻璃罐和袋装咖啡粉开始绘制线稿。

绘制瓶内咖啡豆的时候从中间开始画，侧面的咖啡豆因为是挤在一起的，暂时留白，保持体量感。

（1）

（2）

（3）

（1）以排笔法铺出咖啡壶底座和木盘的底色。

（2）铺第二遍底色的时候，注意要保留明确的笔触，但是不要太用力，以免过度晕染。

（3）大胆铺设出咖啡豆底色，适当留白。

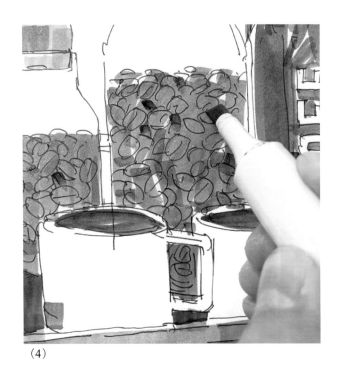

(4)

(5)

（4）用同一支笔以点笔法按压笔头挤出浓墨来表达咖啡豆的明暗关系。

（5）偏暖的中度灰色马克笔对不锈钢材质是很好用的底色，先轻轻扫几笔，不用涂满。

（6）玻璃瓶着色时使用中度和浅度两支蓝色马克笔即可，沿着玻璃瓶轻扫几笔，暂时不用刻画得太明确，给后续留余地。

(6)

（7）

（8）

（7）背景的红色和玻璃瓶的蓝色尽量不要融合，保持明晰的笔触。

（8）用比之前绘制木盘底色略暖略浅的橘黄色以揉笔法揉出软木塞的纹理，直至画面完成。

第三章
完整室内空间线稿绘制及
马克笔上色步骤

　　第三章的内容为第二章内容的深入和延伸，即由各种室内物件的绘制转入更为完整的室内空间手绘表达。绘制一个完整的室内空间对较多学生或手绘初学者而言具有一定的挑战性。在用马克笔上色表达单个物体或局部小空间时，很多人也许可以画得惟妙惟肖，但是当绘制一个完整空间时却无法把握。这些人并不是美术功底不扎实，而是缺乏系统、合理的绘画步骤，同时也缺乏对空间、色彩的组织能力和表现能力。

　　想画好室内马克笔效果图，就要有科学的训练方法和作画步骤。它可以让绘制过程变得更加轻松、顺畅，可以让画面更加生动，可以让作品更具艺术性，也可以让手绘初学者更快地掌握用马克笔画效果图的原理。本章将以商铺空间、餐饮空间、办公空间等为案例进行步骤示范和分段解析，学生可在这个过程中清晰地学习到用马克笔绘制室内效果图的程序、步骤和方法，如如何绘制空间、如何营造环境氛围；也可从色彩组织、空间处理、材质表达等方面学习到完整室内空间马克笔绘制表现方法。

第一节　商铺空间马克笔上色步骤

1 首先绘制商铺空间的钢笔线稿。在这个阶段注意空间的透视关系，线条轻松流畅，笔触放松。

在这一步可以根据画面需要适当绘制一些暗部阴影线条，增加画面空间感的同时，让整个空间疏密有致和生动。

② 利用马克笔上色时，应先在脑海里区分空间层次关系，为了更好地突显画面层次，对前景摩托车先进行留白处理，从模特开始上色。本空间为暖色空间，因此，可使用暖色系马克笔着色。注意物体因灯光照射而产生的明暗、反光、高光的细微变化。头盔高光处可适当留白，牛仔裤可先铺蓝灰色，后用 0 号无色马克笔晕洗出亮部。

3 对画面中心的汽车及周边物件
进行上色。首先，刻画时要强
调物体的固有色和细节，并根
据光源刻画出物体的明暗关系
和受光线影响色彩的变化，要做到色
彩变化细腻。其次，用马克笔刻画时，
注意色彩之间的协调性和物体前后颜
色关系，从而让空间和色彩更加丰富。

再次，用深灰色画出物体投影。投影
刻画不能一笔带过、简单处理，应该
注意透气性和投影的细节变化。

最后，用高光笔刻画物体高光，这样画
面会更加生动。

4 刻画背景，拉出前、中、后空间层次关系。刻画背景时，笔触应尽量具有整体性，可先用马克笔宽笔头平铺一遍固有色，再用细笔头刻画物体颜色和肌理。此时需注意受灯光照射影响，墙面颜色会产生丰富变化，深入刻画时，可将灯光照射墙面的变化表达出来，以增加作品的氛围感。

 对顶部空间进行刻画。上色时根据灯光照射的情况进行铺色，把颜色冷暖、明暗关系等细节体现到位。灯具、管道等物体可适当留白，给后面塑造留下余地。

6 刻画通风管道及地面。铺色时应注意受灯光的影响，管道和地面会产生丰富的颜色变化，刻画时应尽量表达出来。首先，用灰色平铺地面。其次，在颜色未干时叠加一些偏冷的颜色。再次，用 0 号无色马克笔晕洗，以刻画出地面细微的颜色变化。

最后，进一步调整画面关系，部分位置可适当进行留白处理，让画面更加生动。

第二节 餐饮空间马克笔上色步骤

① 绘制餐饮空间的钢笔线稿。首先,用干净的线条表现出空间层次关系,这一步,尤其需要注意空间内每个物体的透视关系。其次,对于人物的绘制应松动自然,否则会显得人物动态僵硬。最后,顶部木板的绘制应注意近大远小的透视关系,一旦出错,整个空间关系都会变形。对于物体投影的表达,可根据画面关系确定是否绘制。

①用黄褐色平铺一遍。

②用橘黄色叠加颜色后，
用深褐色扫出木纹纹理。

从画面中心的桌、凳开始上色。铺色由浅入深，浅色为物体的固有色，深色为木纹肌理细节。固有色采用平铺法，深色则用扫笔法表达，尽量将质感表达到位。对于桌面的表达要注意光影的细节变化，不要刻板地画两笔就结束，要敢于刻画反光和亮部。凳子的黑色金属部分切勿一黑到底，在注意透气性的同时，要注意明暗、冷暖、反光等微妙变化的表达。上色结束后可用高光笔刻画出物体高光。

①平铺一遍浅色。

②添加深色和环境色。

人物上色步骤详解：

刻画空间立面及人物。先用马克笔宽笔头平铺立面墙体固有色，再用细笔头刻画墙体砖块和木材肌理。绘制红砖墙和墙上装饰时应注意灯光照射给其带来的颜色变化，不要一笔带过。对于人物的刻画，应注意对每个人物的色彩和光线进行处理，这样画面才生动。

砖墙上色步骤详解：

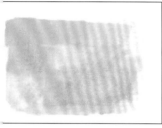

平铺一遍砖缝隙颜色，注意
色变化。

根据墙体颜色变化大面积铺
块颜色，再用高光笔勾勒细
。

用同样的方法和笔触对前景的座椅和壁炉进行上色。首先用浅色平铺，再用稍深色号叠加刻画出颜色变化。其次用细笔触刻画肌理纹路。对于边缘的处理可稍微自然些，让画面更具张力。最后利用高光笔绘制出壁炉砖块纹理，以增加细节。

①平铺一遍木板浅色。

②添加深色和环境色。

刻画顶部空间。首先用宽笔头绘制出因灯光照射和外部光线影响而形成的木纹颜色。其次利用平铺法绘制出木纹的暗色，这个过程需注意色彩的冷暖变化和明暗变化，让顶部颜色变得丰富且具有透气性。最后顶部的灯具、管道可进行留白处理，以增加空间的层次感和画面的艺术性。

对外部空间的植物、墙体、钢架结构进行着色。在颜色运用方面，可使用偏浅的颜色以拉出外部空间与内部空间之间的颜色层次和空间层次，用 2~3 个偏冷颜色表达即可，让外部空间虚下去的同时，画面更具冷暖关系。对地面进行留白处理，这样空间层次感更加明显，整个画面也变得更具艺术性和想象性。

第三节　办公空间马克笔上色步骤

① 根据空间透视关系，用轻松、流畅的线条绘制办公空间的钢笔线稿。注意绘制时顶部空间框架结构的穿插关系和前后关系，避免层次错乱。物体投影可不用排线表达，后期用马克笔着色即可。

即使很小的空间也应该用线条表达出层次关系，这样最后上色时才更容易表达出空间氛围感。

沙发上色步骤详解：

①平铺一遍沙发亮部、暗部基础色，塑造出体积感。

②用扫笔法叠加颜色和细节，完成后用高光笔勾勒高光。

以底部沙发空间为中心开始着色，以便更好地拉开前、中、后景。中景尽量刻画得完整、细致。对于地毯的表达，可先用黄灰色大面积铺色，再用暖深灰色刻画地毯花纹。对于投影的处理采用晕洗笔法，在加深颜色的同时，注意颜色的冷暖、虚实和深浅变化。用高光笔勾勒沙发的高光，以突显质感。

①用扫笔法铺设基础色。

②用 0 号无色马克笔晕洗立面
交界处，让颜色过渡更加细腻。

从沙发空间向四周立面延伸铺色，铺色时要注意光源给立面带来的色彩变化，颜色搭配要和谐、冷暖相间。灯光照射强烈的地方可先铺基础色，再用 0 号马克笔擦出亮部。人物留白让画面更具艺术性，使画面更耐人寻味。

金属钢架上色步骤详解：

①用扫笔法铺一遍亮部、暗部，高光部分留白。

②继续用扫笔法叠加环境颜色，完成后用 0 号无色马克笔晕洗。

进一步刻画上部立面空间，注意暗部色彩关系、明暗过渡变化。立面以平铺法为主，钢架则采用扫笔法塑造。深入刻画钢架及水晶吊灯，要加强对光的表现，加深固有色，突出环境色和高光，让其起到画龙点睛的作用，使画面生动起来。

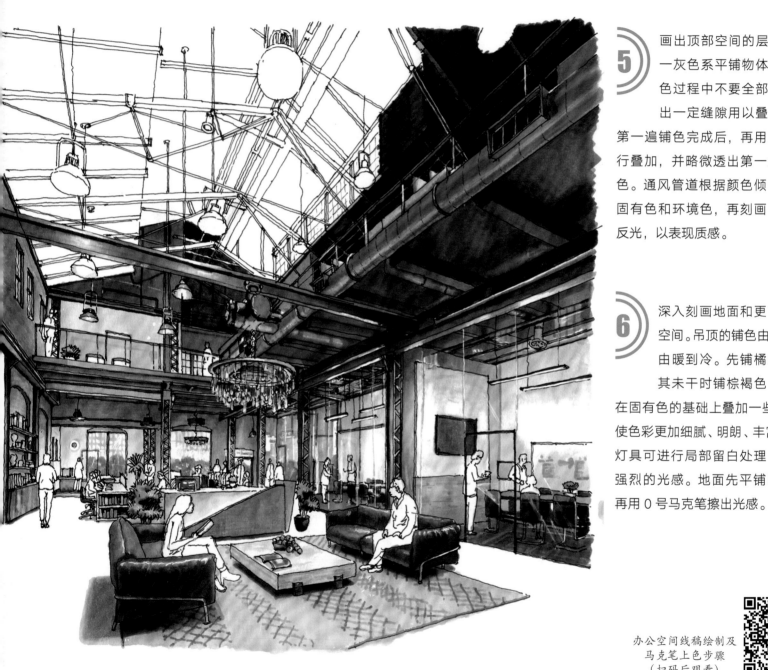

5 画出顶部空间的层次。用同一灰色系平铺物体颜色，铺色过程中不要全部铺面，留出一定缝隙用以叠加颜色。第一遍铺色完成后，再用冷灰色进行叠加，并略微透出第一遍铺的颜色。通风管道根据颜色倾向先刻画固有色和环境色，再刻画出阴影和反光，以表现质感。

6 深入刻画地面和更高处顶部空间。吊顶的铺色由亮到暗，由暖到冷。先铺橘红色，在其未干时铺棕褐色。地面可在固有色的基础上叠加一些环境色，使色彩更加细腻、明朗、丰富。窗户、灯具可进行局部留白处理，以体现强烈的光感。地面先平铺暖灰色，再用 0 号马克笔擦出光感。

办公空间线稿绘制及
马克笔上色步骤
（扫码后观看）

第四节　饮料店马克笔上色步骤

① 先观察实景照片特点，在脑海中组织好线条大致的疏密关系后开始刻画线稿。该室内空间的难点在于对植物的表达，因此画植物时应组织好叶片的前后关系和疏密关系，尽量刻画出植物的特点。再根据空间的色彩倾向，做好上色前的准备工作，即按色系将马克笔归类，以便使用时快速找到。

棕榈绘制步骤详解：

①先定好叶片大致的走向。

②在叶片大致走向上刻画细节。

②　因植物叶片部分线条较密，为平衡视觉感受，着色应从沙发座椅开始。着色时依据光源的方向，先浅后深。利用点笔法慢慢上色，以表达沙发松软的质感，第一遍铺色完成后开始叠加一些颜色，让颜色变得更加丰富。暗部用深灰色涂抹，以突显立体感。

沙发上色步骤详解：

①用蓝灰色平铺一遍亮部、暗部。

②叠加椅子灰部和暗部颜色，刻画细节。

3 为平衡画面关系，开始刻画空间顶部，颜色先浅后深。

用扫笔法给背景上色，让空间层次更加明朗。吊顶先用暖灰色平铺一遍，再用稍深的颜色叠加，让颜色更加丰富，更具有透气性，用深灰色刻画物体的暗部，让画面立体感更强。

刻画灯具及环境色。首先用浅黄色铺一层，再用深 1 度或 2 度的黄色和偏红的肉色刻画出灯光的颜色变化，最后用 0 号无色马克笔晕洗，让颜色过渡更加自然、细腻。

①用暖绿色整体平铺，对酒瓶进行局部点缀。

②用偏冷的暗绿色刻画灰部和暗部，完成后用高光笔勾勒细节。

刻画以桌子、酒瓶为核心的中景。将桌子先铺一层偏亮的暖绿色，再以偏冷的暗绿色刻画出暗部，体现凹凸感。酒瓶可使用多种颜色刻画，以增加丰富性。用平铺法刻画地砖，重点刻画地砖反光。利用高光笔表现桌子和地砖纹理。

①用蓝绿色整体平铺一遍叶片。

②用细笔头进一步刻画叶片细节，完成后用高光笔点缀。

6 根据光源方向，塑造植物细节。注意植物因光源的照射呈现出丰富的冷暖变化，这些应进行耐心塑造。很多初学者认为植物较难上色，其实不然。首先平铺一遍叶片固有色；其次用细笔头刻画一些叶片的暗部；最后增添一些环境色后用高光笔勾勒一些高光，让画面更加自然、和谐。

第五节　工作室室内空间马克笔上色步骤

砖墙线稿绘制步骤详解：

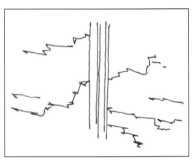

①用钢笔绘制出大概轮廓。

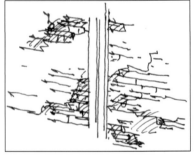

②根据透视原理绘制砖块细节，可适当排线以区分出疏密关系。

根据空间的特点，用流畅、轻松的线条绘制钢笔线稿。绘制的过程中可适当刻画一些明暗关系，墙面可适当刻画一些肌理，减小马克笔上色的塑造压力。

家具上色步骤详解：

①平铺一遍家具亮面、暗面的固有色。

②叠加过渡色，对物体细部颜色进行加强处理。

从画面中心的沙发、座椅、茶几入手，着色由浅入深，重点表现木质茶几、皮革沙发的质感和明暗关系。首先用浅色平铺表现材料固有色；其次用稍深的颜色刻画暗部，以拉开明暗关系；最后点缀一些环境色，使画面颜色生动丰富的同时，让质感更加真实。

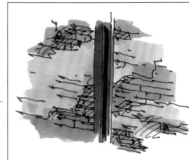

①平铺一遍墙体亮色。

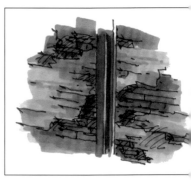

②叠加环境色,强化暗部固有色,
用细笔头刻画细节。

从画面中心向立面推移刻画。立面属于空间的背景,着色要整体协调。墙体先用浅黄色平铺,刻画出阳光照射到墙面的形状
再用深色平铺,刻画出砖墙固有色,最后叠加一些环境色,以丰富画面色彩。

地板、地毯上色步骤详解：

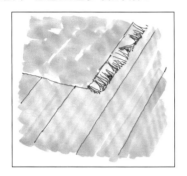

①用摆笔法、点笔触分别对木地板和地毯铺一遍亮色。

②晕染环境色后，用扫笔法刻画出木纹纹理；用点笔触对地毯叠加深灰色；用 0 号无色马克笔点缀细节。

4 用浅黄灰色刻画地面。地面是绘制室内效果图重点表现的内容之一，很多初学者对于地面的表达较少关注到它的冷暖色彩变化和反光，缺少这些表达也会让效果图变得呆板。地板的表达首先用黄灰色马克笔铺出固有色；其次在第一遍着色未干时，晕染一点环境色进去；最后用 0 号无色马克笔擦洗出反光，并画出投影。对于地毯的表达，可采用点笔触表现出地毯松软的质感。

 将造型丰富的钢架吊顶用深灰色大面积平铺，因受阳光的影响，使用暖灰色着色可增加画面的氛围感。因光影很强烈，顶部玻璃窗可进行留白处理。

吊灯、金属柱子上色步骤详解：

①平铺一遍物体固有色，塑造出体积关系。

②叠加环境色，强化明暗关系。完成后用高光笔刻画出高光形状。

▶为更好地表现出强烈的光感，柱子先用浅暖灰色塑造出立体感，再用深色刻画出暗部和投影的形状，最后用高光笔刻画出高光。

▶金属灯具的表达：先用浅灰色表达其固有色，在铺色未干时叠加一些反光和环境色，这样一来，细小的灯具也有了丰富的色彩，塑造完成后点上高光即可。

第六节　酒店餐厅马克笔上色步骤

①绘制前面第一排瓶子。

②以第一个瓶子为基点，依次绘制后面的瓶子。

绘制钢笔线稿前先细致观察该空间的特点。该空间为一点透视，透视较容易表达，难点在于灯具、酒瓶、杯子和座椅的层次表达，绘制时应注意其高低错落及前后关系，这样容易画出空间的层次感。立面可大胆留白，给马克笔上色留下大量余地的同时，让线稿疏密有致。

室内组合物体线稿
绘制步骤
（扫码后观看）

①平铺一遍瓶子底色。

②叠加深色和环境色，并用高光笔刻画出高光。

第一遍铺色先用浅黄色平铺桌面，再叠加灰色，让颜色变得冷暖相间，细腻丰富。酒瓶和椅子先采用排笔法上一遍底色，再用晕洗法叠加深色和环境色。用高光笔刻画杯子和酒瓶的高光，让质感更突出。

③ 用同样的塑造方法进一步刻画后面的酒瓶、杯子及窗户。值得注意时是，这次应进行整体上色，虚化酒瓶、杯子及窗户，不要为了颜色丰富，而抢了前面物体的"镜"。

遮阳板上色步骤详解：

①平铺一遍固有色，可叠加一些颜色变化。

②用深色绘制出投影形状后刻画细节。

完整室内空间线稿绘制及马克笔上色步骤（扫码后观看）

 根据光源的方向，利用摆笔法由浅入深刻画遮阳板立面空间，重点表现木质材料的质感和明暗关系。首先用暖黄色大面积平铺，然后用深几个度的黄色刻画出木纹肌理，最后用暖棕色刻画暗部和投影。后面部分的遮阳板应注意层次变化和虚实关系，平铺上色即可。

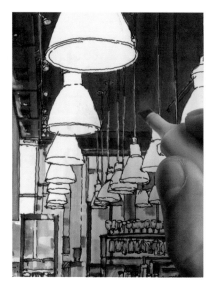

⑤ 对顶部和右侧墙面进行着色。受阳光照射影响，顶部原本黑色变为暖褐色。

先用宽笔头平铺一遍底色，再用晕洗法叠加一遍颜色，使颜色更加富有变化，也消除了强烈的马克笔笔触。右侧墙面先用浅黄色平铺一遍，再用黄褐色刻画出投影，塑造出强烈光感。这一步注意铺色不要铺满，给后面留下上色空间。

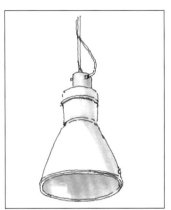

①平铺亮面、暗面颜色，塑造
出基本的体积感。

②叠加灰部颜色，用深灰刻
画出投影形状。

6 进一步刻画灯具，丰富画面效果。先用浅黄色平铺亮面，再用绿灰色刻画出暗部及投影形状。为强化光感，暗面颜色应深一些，让光感更加突出。调整画面细节，让环境氛围更加和谐。

第七节　客厅餐厅马克笔上色步骤

① 根据空间的特点，用干净流畅的线条绘制钢笔线稿。线稿刻画应尽量细致到位。完整到位的线稿可以让上色变得更加轻松。这一步应用线条表现出空间层次关系和疏密关系，物体的投影可在这一步表达，也可以后期用马克笔塑造。

石头墙线稿绘制步骤详解：

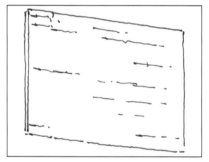

①绘制出外轮廓后确定墙缝的透视。

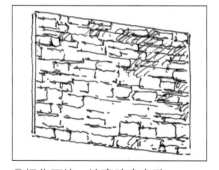

②细化石块，注意疏密有致。

2 室内空间中地面的物件较多，为更好地明确空间层次关系，马克笔着色先从地面家具开始，这样较容易把握空间层次。家具上色应轻松但又不失细节。先用浅色平铺表现沙发、椅子、凳子等固有色，再用深色塑造出家具的明暗关系，让画面更加立体。对于皮革家具，首先用浅色马克笔表现出皮革家具的固有色；其次用稍深的颜色刻画暗部，暗部铺色不必铺满，给刻画反光和环境色留下余地；再次用晕洗法刻画环境色和反光；最后用高光笔刻画出皮革的高光形状。

皮革沙发上色步骤详解：

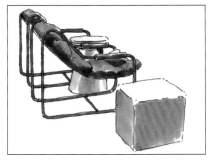

①根据颜色倾向平铺一遍亮部和暗部，塑造出立体感。

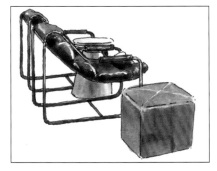

②对亮部和暗部叠加颜色，完成后用高光笔勾勒高光。

3 刻画顶部木结构吊顶，以平衡画面"力量"关系，从而让画面更加和谐。刻画时将木材质感表达出来即可。

很多新手会以为用马克笔塑造物体的质感、肌理很难，其实掌握了方法就非常容易。首先用排笔法平铺物体固有色；其次用深色刻画物体的纹理，这个过程需要注意物体的明暗关系；最后晕染叠加一些环境色，刻画高光即可。

木结构吊顶上色步骤详解：

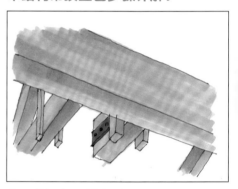

①用黄褐色平铺木材固有色，铺色结束后，叠加一些偏冷的环境色。

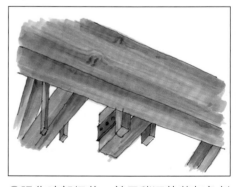

②强化暗部细节，并用稍深的黄灰色刻画出木材的纹理。

4 进一步刻画电视墙和壁炉。石块砌墙不难表达，主要是刻画墙面石材的冷暖变化和明暗变化，因为线稿已经刻画得比较丰富，刷一些颜色即可表达出来。

电视机先用浅灰色平铺，再用深灰色以排笔法刻画电视机的反光，最后刷一些偏冷的环境色。绘制壁炉的难点在于表现玻璃后面木材朦胧的感觉。先绘制好壁炉内部的木材，再用灰色平铺一层以表现玻璃。画的过程中注意玻璃的明暗变化，同时可以用稍深的灰色刻画出玻璃的反光，或者用高光笔表达出反光。

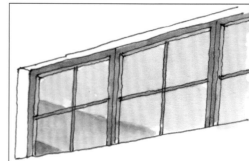

①先用灰色平铺一遍玻璃，再用黄灰色对窗着色。

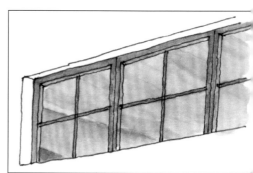

②用黄灰色晕洗出颜色变化，增加颜色细节

5 窗外阳光强烈，光感突出，是画面点睛之处。对亮部进行留白处理，暗部可以先绘制暖灰色，再用黄色染，让其虚化的同时表现细腻的光感。窗平涂上色时应注意冷暖色彩的搭配，让色丰富起来。

6 刻画地板及屋顶。屋顶运用晕洗法表达，尽量虚化马克笔的笔触感，让屋顶变得柔和，同时与木构架的强烈笔触形成对比。对于地板的刻画，首先，利用排笔法刻画木地板固有色；其次，用晕洗法叠加一些环境色，以丰富画面色彩；再次，用黄褐色刻画木纹肌理；最后，用晕洗法擦出反光，从而刻画出阳光照射到地板上强烈的光感。

木地板上色步骤详解：

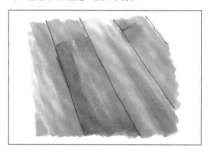

①用黄灰色平铺一遍地板，可表现一些颜色变化。

②用细笔头勾勒木材纹理，让质感更加细腻。

第八节　服装店马克笔上色步骤

① 利用轻松、流畅的线条绘制空间钢笔线稿。绘制时务必注意刻画出衣服、包包柔软的特性，同时注意空间的疏密关系。衣服、装饰画较多，这一类物品的线条可画密一些，其他线条可画疏一些，从而让层次感更加明显。

衣服、包包线稿绘制步骤详解：

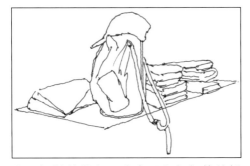

①用轻松的线条画出衣服和包包的外轮廓。

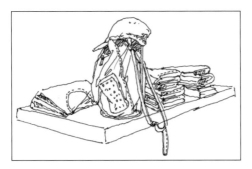

②进一步刻画衣服和包包的内部细节。

② 画面主景是前面的座椅和桌上的衣物，因此从座椅开始着色。前景尽量表达得详尽、细致，衣服、包包第一遍上色时，可用短笔触刻画出物品的柔软感，第二遍上色时则用晕洗法叠加环境色和擦出反光。桌椅先用排笔法铺基础色，再用扫笔法刻画木材肌理，最后用晕洗法叠加环境色。

衣服、包包上色步骤详解：

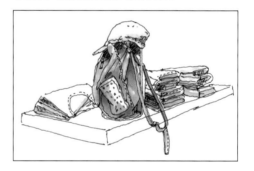

①用短笔触平铺一遍衣服、包包的固有色。

②叠加暗部深色后，用晕洗法叠加环境色和擦出反光。

③ 衣服种类、颜色较多且又处于画面背景，第一遍着色时，根据衣物的颜色类别成块铺色，让颜色更具整体性，第二遍着色时以刻画衣服暗部和环境色为主。要敢于加深衣服的投影，这样衣服才能突显出来。墙面利用灰色整体平铺一层，以衬托衣服的丰富性。

背景衣服上色步骤详解：

①根据衣服颜色类别成块铺色。

②刻画衣服暗部和环境色后绘制投影。

进一步刻画左侧衣服展示空间，首先用深灰色加深暗部，从而衬托出前景。刻画模特时主要表现出塑料质感，衣服和后面玻璃则采用晕洗法刻画，让颜色更统一、丰富，更具有透气性。这一步上色时务必注意颜色的明暗关系，否则会极大地影响物体的立体感。

衣服模特上色步骤详解：

①平铺一遍模特和外套颜色，可适当叠加一些环境色。

②加强对暗部的颜色处理，刻画投影后用高光笔表现物体高光。

背景装饰物上色步骤详解:

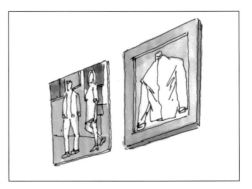

①根据装饰物的颜色倾向,平铺颜色。

②进一步刻画装饰物细节,完成后平铺背景墙颜色。

5 背景墙上的装饰物丰富且有变化,是画面的点睛之笔,需要重点刻画。首先,根据装饰物的固有色平铺一遍颜色;其次,用晕洗法表现出装饰物丰富且和谐的色彩关系;再次,根据灯光的方向,用灰色平铺墙面,以衬托出装饰物的丰富性;最后,用干净利落的笔触刻画出物体的投影形状。

背景墙上色步骤详解：

① 根据墙体的颜色倾向，用排笔法平铺颜色。

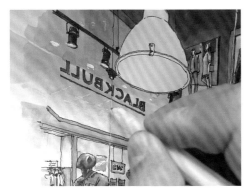

② 用高光笔勾勒高光、反光等细节。

6 进一步完善画面整体效果。橱窗玻璃用揉搓法刻画，尽量弱化马克笔的笔触，让背景更具统一性和整体性，也让玻璃质感更清透。商标、黑色射灯用颜色概括出来即可。利用高光笔刻画一些细节和反光。吊灯、地面、天棚作留白处理，让画面更具张力和想象空间。

第九节　特色书店马克笔上色步骤

①先画出人物和书籍的外轮廓

②进一步刻画人物和书籍细节，让线稿层次分明。

画钢笔线稿前，首先应观察空间的特点，思考如何用线条刻画出空间的层次关系，哪些地方线条可以疏一点，哪些地方细节需要详细刻画，哪些地方需要一笔带过或者根据空间特点进行艺术化处理（例如书架上书籍较多，按部就班根据照片一本一本刻画会显得过于呆板，也费时费力，可以考虑归纳处理）。

前景书籍上色步骤详解：

① 平铺挡板和书籍暗部颜色。

② 通过揉搓、晕洗方法深入刻画书籍颜色。

在做好马克笔上色准备工作的同时，再次观察灯光环境，确定将要上色的主要色调和所要营造的空间氛围。画面的视觉中心是前面的书籍和展卖的衣服，那么上色从此处展开。书籍颜色较多但上色面积较小，刻画时采用揉搓、晕洗手法刻画出书籍的种类和颜色，采用扫笔法和晕洗法刻画衣服，让衣服更具飘逸感。书架则利用排笔法平铺，尽量与书籍、衣服的刻画手法形成对比，从而衬托出主要表现内容，这样画面才张弛有度。

画出中景书架层次。书籍是这一层次的核心，需要重点刻画。书籍可先平铺一层颜色，再用不同颜色点缀，以突显书籍的丰富性。木质书架上色遵循先浅后深原则，但铺色不要全部铺满，给后面刻画环境色留一定余地。即使在一个细小的空间中也应表达出灯光环境细节，这样整个画面才能既具有氛围感又不失细节。

背景书架上色步骤详解：

①平铺一遍书架的颜色。

②细化书籍过渡色，并利用马克细笔头绘制出书籍的颜色。

为了让画面关系更加平衡，用同一灰色系塑造天棚管道。首先用浅黄灰色平铺管道亮面，再用深一号的颜色叠加，刻画出管道的灰面，最后用深灰色塑造管道的暗部，让管道立体感更强。为了更好地表现出环境氛围，可在管道灰部和暗部晕染一些冷灰色，这样可营造出温暖、和谐的天棚环境氛围。

天棚管道上色步骤详解：

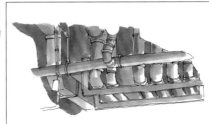

①用黄灰色平铺管道的亮面、暗面。

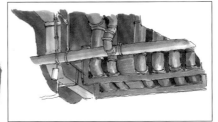

②细致刻画亮面和暗面的过渡色，并晕染一些偏冷环境色。

①用黄灰色平铺一遍。

②用偏冷的黄灰色叠加，让颜色更丰富。

 深入刻画背景，让画面关系更加和谐。背景属于远景，应概括处理，因此采用灰色平铺一遍，让其空间层次退后。先用黄灰色平铺亮部，再用深灰色刻画暗部，与此同时，可以在画面中揉搓一点偏冷灰色，让整体颜色更加丰富。利用高光笔刻画物体高光，这样画面会更加生动。

前景柱子、地面上色步骤详解：

①用黄色平铺一遍后，用偏冷黄灰色叠加刻画内部。

②先用灰色平铺一遍地面，再用 0 号无色马克笔揉搓出亮部。

6 进一步塑造前景柱子，让画面更加完整。首先根据灯光环境，用暖黄色平铺一遍柱子；其次用深几号的黄灰色刻画柱子暗部，让灯光变得强烈；最后叠加偏冷的灰色，让颜色更加柔和、协调。根据灯光环境，用晕洗法刻画地面，并刻画出投影。对人物进行留白处理，这样画面层次关系更加突出，更具有意境。

第十节　店铺橱窗马克笔上色步骤

① 　根据空间特点绘制钢笔线稿，线稿应做到用笔轻松，层次分明，这样有助于后期上色。做好上色前的准备工作，即根据空间色调准备好所需色号的马克笔，并将其颜色按暖色、冷色、暖灰、冷灰等色系归类，以便拿取。思考哪些地方可以适当留白，哪些地方需要深入刻画，哪些地方可以概括处理。

红砖墙线稿绘制步骤详解：

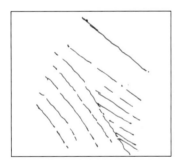

①勾勒出墙体大致的透视和形态关系。

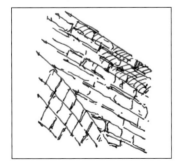

②增加细节,强化疏密关系。

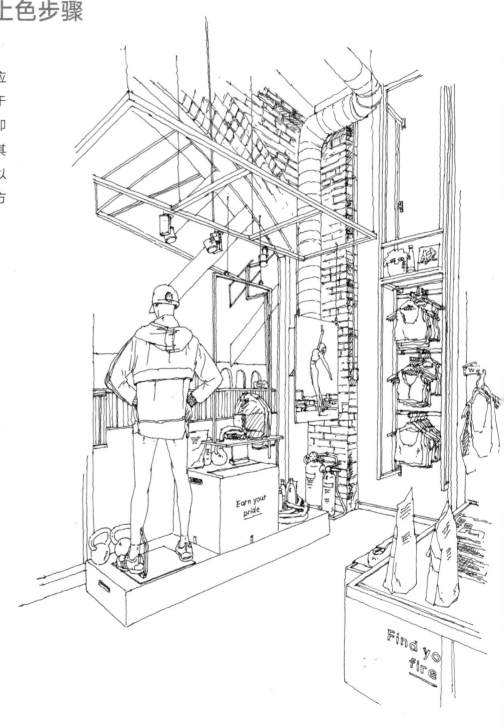

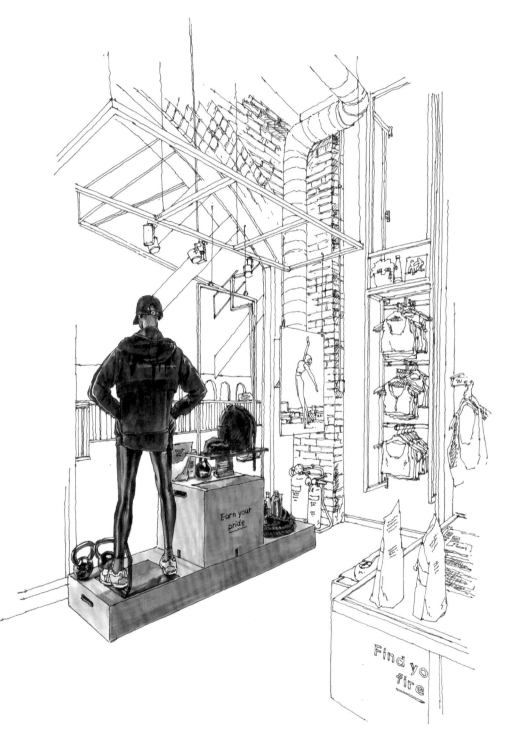

② 画面的视觉中心为橱窗模特和展台，因此上色时从画面视觉中心展开。将木质展台平铺第一遍颜色后，用同色系的深色平铺暗面，以体现立体关系和光影关系，其间可以晕洗一些环境色，让颜色更加丰富多彩。

模特和展示物品是画面的核心内容，需要详细刻画。先用浅色进行整体着色；再用深一号的颜色叠加刻画灰面；最后用深色加深暗面后用揉搓、晕洗法将反光和环境色表现出来，这样细节更突出，画面更生动。

3 刻画前景，让空间层次逐步分明。着色时，先浅后深平铺颜色，但是铺色不要过满，给环境色的刻画留下空间。黑色的金属框和包装袋有大量的颜色和反光，采用晕洗法进行刻画，先上一遍固有色，再用晕洗法刻画出反光和环境色。为了让质感更加强烈，高光用高光笔来塑造。

根据光影关系刻画红砖墙。首先平铺一遍砖缝颜色；其次用点笔触法刻画红砖，刻画时根据墙体的色调并结合主观意识进行铺色，不要逐块去铺色，这样容易让画面变花；最后用深一点的色号刻画暗部。刻画暗部时，应注意冷暖相间，不要让笔触太生硬，否则灯光太明显，不像是远处灯光照射在红砖墙上的效果。笔触和颜色的过渡应尽量柔和、细腻，这样才更能突显灯光氛围和环境氛围。

5 刻画展卖架，进一步强化画面明暗关系和灯光环境氛围。墙面先用暖灰色平铺一遍，再用深一些的颜色刻画顶端稍暗的地方，让灯光环境更加细腻，最后用深色刻画出投影。值得注意的是，刻画投影时要注意轻重、虚实变化，这样细节会更丰富，环境氛围也会更生动。

6 对橱窗玻璃和外部环境进行着色时，应注意用笔松动，太过于硬朗的笔触会抢境，从而让画面层次错乱。第一遍上色采用平铺手法进行，亮部可以留白。第二遍铺色用深色刻画出细节，并且塑造留白处的细节。用高光笔刻画出一些强烈的反光，让玻璃质感更真实。地面、天棚、管道进行留白处理，画面更具艺术性。

金属吊顶先用浅色刻画亮面，再用深色对暗部着色，其间需要叠加一些环境色。最后用钢笔刻画出金属丝，并用高光笔塑造出钢丝的亮部。

第十一节　小酒吧空间马克笔上色步骤

1　画钢笔线稿前厘清空间的层次关系，明确绘制钢笔线稿的要领和思路。

用干净、轻松的线条表达出空间的具体特征。明暗关系可以不用线稿表达，着色时用马克笔刻画即可。

值得注意的是，因椅子较多，层次较为复杂，绘制线稿时应表达出每个椅子的透视和前后关系，让层次更清晰。

②　上色前的准备工作完成后开始对画面进行上色。上色从画面核心——桌子展开。利用平铺法对桌子进行上色，第一遍上色完成，再根据明暗关系刻画桌子的反光，让画面核心更加耐看。酒瓶、花卉先利用点笔触刻画深色，再利用浅色马克笔晕洗出一些反光，最后利用高光笔刻画出物体的高光，这样物体的质感就更生动、耐看。

3 用排笔法刻画远景桌椅，用笔干脆利落的同时，还应注意椅子的明暗关系。

第一遍铺色结束后，叠加一些稍浅的黄绿色，让颜色更丰富。第二遍铺色时用稍深的暗绿色刻画椅子的肌理。投影和暗部用排笔法平铺，平铺时注意其色彩的微妙变化。

4 刻画背景墙，突显前景和中景。背景墙的刻画较为简单，利用深蓝绿色平铺即可，但平铺过程中需要注意色彩的明暗细节变化。背景墙上的广告招牌可先用暗绿色平铺，再用高光笔刻画出广告牌上的文字，这样空间氛围会更生动。

5 深入刻画吊顶，逐步加强画面层次关系，突显画面氛围感。该空间吊顶的刻画较为简单，平铺着色即可。需要注意的是，在铺色过程中需要表达出颜色的深浅变化。受光线影响，吊顶颜色由靠窗位置向右边逐步变暗，着色时可遵循先浅后深的上色规律，用层层递进的色彩对吊顶着色，从而表现出其细微的颜色变化，这样画面氛围感才强烈。

6 为了让光感变得更加突出，应加强对地面和左侧墙面的颜色表达。地面的着色表达较为容易，根据光源方向，刻画出地面的投影即可。为了体现光感的强烈，光线的地方可大胆留白。墙面上色需要表现出微妙的深浅变化，先对其平铺着色，再用深一号的颜色刻画较暗的位置，最后用 0 号无色马克笔晕洗亮部。

为了让画面更加具有韵味、艺术性和想象空间，可以对吊灯和凳子进行大胆留白。

画面留白需要视画面关系而定，有时适可而止会有意想不到的画面效果，这不一定比全部铺满颜色的效果差。

第十二节 半室内空间马克笔上色步骤

1 根据空间特点，绘制钢笔线稿。首先画出大致的透视关系，其次在透视关系上塑造细节，最后利用线条的疏密关系，刻画出空间的特点。画钢笔线稿时，务必注意用笔松动，不要拖泥带水，好的线稿会让上色事半功倍。为表达出细腻且强烈的光影感，可不用线稿表达投影。

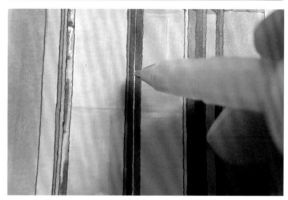

② 画面中最夺目的部分是这个淡黄色的空间，因此从这里开始上色，给整个画面奠定明快的色彩基调。首先根据灯光氛围，先浅后深刻画门框，并利用淡黄色平铺整个空间。其次利用黄灰色刻画出细节，表现出颜色层次。最后用 0 号无色马克笔晕洗一些亮色，让整个色彩过渡变得更加细腻。其间用高光笔刻画出不锈钢门框的反光细节。

3 光影关系是这个画面的重点，需要重表达。着色表达时应仔细观察光源方向以及光影的亮暗、冷暖变化。首先利扫笔法刻画木墩茶几的里面，再运用揉搓法刻亮面，其间注意对光线的表达。布料同样使用搓法刻画，以表达出布料的柔软感。其次利用灰色平铺刻画出地面的投影形状，铺色完成后加一些黄色，表现出地面的色彩变化。最后用色刻画出地砖的纹理，并用高光笔刻画茶几和砖铺贴的细节。

值得注意的是，阳光的表达要前亮后暗，这样眼的阳光便更生动、真实。

进一步刻画画面的光影，让画面光影更加生动。首先用黄灰色平铺刻画出柱子上的光影，着色时注意光线的形状。其次用深灰色刻画深色柜子。铺色时注意颜色的细微变化，同时应注意不要铺满，留出一些细小的缝隙，以表现出透光效果。最后用亮色马克笔刻画出柜子上的器具，并用高光笔细化阳光的光斑。植物的刻画较为简单，利用马克笔平铺即可，但需要注意光影和冷暖的变化。这样画面才更加耐看，也更细腻。

⑤ 深入刻画沙发，丰富画面层次。首先，沙发用暖灰色平铺，铺色时应注意阳光照射在沙发上的形状和颜色变化。其次，铺色时颜色过渡要尽量自然，用笔不要过于刚硬，否则会极大地破坏画面的氛围感，同时也破坏了沙发布料的质感。最后，用 0 号无色马克笔揉搓抱枕和沙发明暗过渡的地方，这样可以体现出蓬松的质感。右下角的物品颜色对比要稍弱，尽量虚化，这样画面的核心内容才更加突出。

6 深入刻画顶棚，让整个画面更加生动，氛围感更加强烈。用晕染法刻画由木树枝拼合而成的吊顶。铺色应先深后浅，先用深色刻画暗部颜色，在颜色未干透时叠加一些环境色、冷暖色，再用浅色马克笔揉搓、晕洗出反光。

木树枝吊顶是画面的亮点之一，刻画时需要有耐心。首先用宽笔头铺出大色调，木树枝铺色不要铺满，部分空间留白以体现光感；其次用细笔头刻画出木树枝的明暗变化；最后用深暖灰色刻画出投影。

画面以体现光影为主，因此画面边界可做得规整一些，从而让光影更加突出。

第十三节　室内阳台空间马克笔上色步骤

1 绘制钢笔线稿前先思考该空间主要想表现什么内容，空间特点是什么，在脑海中构思出大致的效果。色彩、光影是空间想表现的主要内容，因此在刻画线稿时，可用干净、简洁的线条绘制出空间形态特点。窗外的植物较密，为避免其线稿抢镜，可留到后期用钢笔线稿补充，其余的用色彩表达。

绘制好线稿后，做好上色前的准备工作，如对所用到的马克笔进行色彩归类，以便于使用。

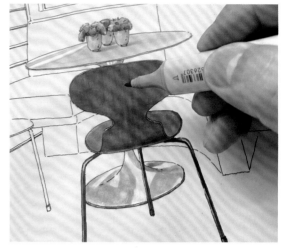

② 画面中的主要物体是桌椅，因此着色从桌椅开始。桌面较容易刻画，利用扫笔法着色并留出阳光形状即可。桌脚先用灰色平铺，再用 0 号无色马克笔晕洗出不锈钢材质的反光效果，最后叠加一些环境色。对木制椅子的刻画需要掌握一定的步骤，先用浅色平铺，再用深色刻画出肌理，最后用高光笔勾勒出高光，从而将椅子刻画得更加细致、耐看。

画面中即使很细小的物品也要表现出其微妙的色彩变化，让画面更生动。

3 对沙发和窗户进行着色，让画面氛围更热烈。首先，利用明快的橘红色对沙发和窗框进行整体平铺着色，着色时留出阳光照射进来的形状。其次，第一遍着色结束后，用深1号或2号的橘红色马克笔刻画暗部，沙发底部受光线影响，颜色偏红褐色，着色时应注意表达。最后，用0号无色马克笔对留出来的阳光光斑边缘进行晕洗，让光斑变化更细腻，同时对沙发高光和反光的地方进行晕洗，让其颜色变化更丰富，也突显出其质感。这样一来，强烈的光影感就逐步清晰、生动了。

4 刻画顶部和地面空间，并进一步强化光影效果。利用橘红色平铺顶部的梁和左侧的墙体，铺色时注意颜色的深浅变化。天花板受阳光的影响形成渐变灰色，铺色可采用扫笔法，铺完后再对暗部进行刻画，以及叠加一些环境色。吊灯较容易刻画，先留出高光位置，再给透出来的部位上色，最后画电线的暗色即可。

根据地面的颜色倾向，用偏红褐色的马克笔对其进行揉搓着色，让其显现出丰富的色彩变化，铺色期间同样对光斑形状进行留白处理，铺色完成后用无色 0 号马克笔晕洗地面和光斑边缘，让颜色过渡更加自然。至此，画面光影感变得强烈且生动。

5 补充窗外植物线稿,让线稿更加完整。植物的刻画需要注意植物叶片的长势、走向、前后叶片之间的叠加关系。值得注意的是,画植物时用笔要松动,勿拘谨。一旦拘谨,则无法表现出植物自然、灵动的感觉。若是成片的植物,如爬山虎、凌霄、紫藤等植物,根据其特点,可以成片概括表达,也可以画一些叶片再叠加一些暗部排线,以表现出前后关系。

6 对窗外植物着色，强化画面的氛围感。首先，观察植物叶片颜色倾向，用宽笔头对亮部进行成片着色。受阳光影响，叶片亮部颜色偏暖，暗部颜色偏冷，因此先用黄绿色平铺叶片亮部，再用暗绿色刻画叶片暗部。其次，用细笔头进一步塑造叶片之间的细节，让植物层次更加分明。最后，用高光笔塑造出阳光照射在叶片上的光斑和玻璃上的反光。

值得注意的是，玻璃上有椅子的反光，刻画时先用高光笔塑造出反光的形状，再用马克笔在反光上着色。这样画面氛围感将得到进一步强化。

第十四节　室内阁楼空间马克笔上色步骤

① 分析空间特点,利用简练的线条绘制线稿。首先绘制大致的空间透视线,保证空间格局正确。其次对空间中的家具、物件、植物进行细致刻画,让空间更加生动。最后用铅笔绘制背景,虚化背景,从而让主体更加突出。

绘制好线稿后,做好上色前的准备工作,如对所用到的马克笔进行色彩归类,以便于使用。同时思考画面怎么处理会更加具有艺术性,如哪些空间可以留白,哪些位置需要深入表达,哪些部位可以概括处理。

椅子、书柜中景线稿绘制步骤详解:

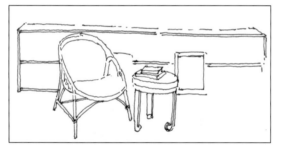

①根据透视关系勾勒物体外形轮廓。

②在外形轮廓的基础上增加细节,强化疏密关系。

2 着色前，先分析画面光影特点。刻画前景沙发，让空间近、中、远三个空间层次更加明确。首先，用浅褐色平铺刻画出皮沙发的固有色，其间注意沙发固有色的颜色倾向。其次，叠加较深的褐色以刻画暗部，让沙发具有立体感。刻画暗部时也要注意颜色的深浅变化。最后，用浅色马克笔晕洗出暗部的反光，并用高光笔刻画出沙发的高光，让沙发皮革的质感更生动。

沙发上色步骤详解：

①平铺沙发亮面、暗面固有色。

②细致刻画暗部颜色并用高光笔勾勒出高光。

③ 画面中的家具是重点，因此进一步刻画空间中的中景家具，让层次关系更加明确。因为该空间受光影影响较大，光影强烈，所以刻画家具时也需要表达出强烈的光影感。首先用平铺法对家具进行上色；其次根据光影的特性刻画桌椅上的投影，强化光影感；最后刻画家具细节，丰富画面效果。

中景桌椅、茶几上色步骤详解：

①平铺沙发亮面、暗面颜色，可适当叠加一些环境色，让颜色更丰富。

②绘制桌椅上投影的形状，深入刻画细节。

4 植物和书架奠定了画面的基调，需要谨慎处理，若刻画得太亮，会喧宾夺主，若刻画得太虚，则会拉开空间差距，削弱空间的氛围感。

先用暖绿色刻画植物的亮部，再用稍冷稍暗的颜色塑造暗部，让其具有立体感。书架先用平铺法进行整体着色，弱化其存在感，再用不同颜色刻画出书籍颜色，最后强化书柜的暗部，突出层次感。

植物上色步骤详解：

①用暖色平铺植物和花盆，完成后可适当叠加一些深色。

②绘制花盆上投影的形状，深入刻画细节。

5 塑造顶部空间，增加空间氛围感。用黄灰色平铺天棚结构，在颜色未干透时叠加少许灰色，让颜色更丰富。塑造顶部空间的难点在于对木梁的刻画。首先用灰色平铺，再叠加暖黄色，最后用深色刻画出木材的纹理，这样老旧的木材质感即刻生动起来。

木梁上色步骤详解：

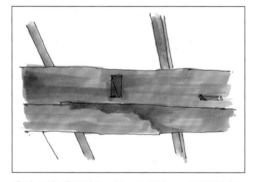

①先用灰色平铺一遍，再叠加一层暖黄色，让颜色更丰富。

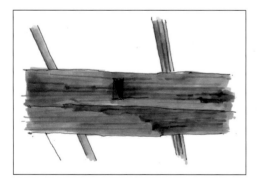

②用扫笔法叠加深灰色，并用细笔头刻画出木纹纹理。

6 塑造地面，强化画面光影效果。用暖黄灰平铺刻画出投影的形状。对木地板亮部进行留白处理，以增加其与投影的明暗对比度，这样光影会显得更加强烈。地毯是画面的重点表现内容，也是画面氛围的核心所在，需要细致处理，可以使用多种技法对地毯叠加颜色，使地毯颜色更丰富。

地毯上色步骤详解：

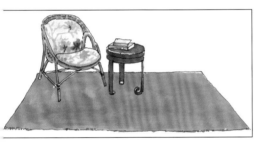

①先用暖红色画出亮部，再在亮部叠加少许蓝色，让地毯呈现出紫红色的颜色变化。

②用深一号色的红色刻画出地毯的纹理图案，最后用暗紫红色绘制出地毯上的投影。

第十五节　咖啡厅空间马克笔上色步骤

① 绘制钢笔线稿前在脑海中构思画面的层次关系，做到胸有成竹。首先，根据空间的透视关系，绘制出空间大致的透视线条；其次，在大致的透视关系上进一步绘制硬装和软装的造型，细化空间层次；最后刻画出物体的细节，表达出咖啡厅轻松的氛围。

钢笔线稿绘制完成后，做好相关上色准备工作，如复印一张钢笔线稿，以备不时之需；根据照片色调，整理所需色号马克笔；等等。

吧台线稿绘制步骤详解：

①根据透视关系勾勒出　②增添砖块细节。
外形轮廓。

② 依据光源方向对座椅和吧台进行统一上色。首先刻画座椅的亮部；其次对桌椅的脚进行着色，着色遵循先浅后深的原则，先铺一层浅灰色，在其未干透时叠加一些环境色，从而增加颜色的丰富性、细腻性；最后在暗部点几笔深色，强化其立体感。

红砖砌筑的吧台是本案例的特色之一，奠定了空间的氛围基调，需要细致刻画，但是也不能逐块砖进行刻画，这样会过犹不及，也会让画面显得不统一。

吧台上色步骤详解：

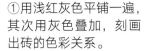

①用浅红灰色平铺一遍，其次用灰色叠加，刻画出砖的色彩关系。

②用偏红的深色刻画砖块的细节。

3 进一步刻画吧台上的杯子和器物，让画面细节生动、活泼。第一遍上色以浅色平铺的形式刻画出物体的固有色，第二遍上色则对物体暗部进行着色。要敢于加深暗部的颜色，这样物体的立体感会更强。用浅色马克笔晕洗出一些反光和环境色，让画面颜色更加丰富。用高光笔勾勒物体的高光，这样可以突显物体的质感。

吧台上器物上色步骤详解：

①用浅色平铺出物体的色彩关系。

②加强色彩关系和明暗关系，并用高光笔绘制出物体的高光。

④ 塑造画面背景,在拉开空间层次感的同时,进一步增加画面的氛围感。

本案例空间的背景刻画较为简单,首先根据画面的色彩倾向平铺一层浅灰色,其次用稍深的颜色刻画出颜色变化,最后用较深的颜色刻画窗框的暗部。

这一步较难刻画的是玻璃砖。刻画时应先对亮部进行留白处理,再刻画玻璃砖偏蓝灰色的固有色,在其未干时用晕洗法绘制一些过渡色,最后用深色点缀暗部,并用高光笔勾勒高光,至此,玻璃砖刻画完成。

⑤ 丰富顶部空间造型，强化画面效果。受光线影响，顶部空间较暗，着色时应在较深的色调中找寻颜色变化。首先用棕褐色平铺一遍以表达物体的亮部，其次用中灰色刻画梁架的转折面，最后用棕黑色刻画深处的暗色，这样顶部颜色层次关系则表现完成。

需要注意的是，有三根金属横梁颜色为暗绿色，刻画时需要表现出其色彩倾向。灯具可留白，给后面的塑造留下余地。

6 塑造地面及灯具，完善整体画面效果。

首先根据木地板的颜色倾向，选用偏灰的颜色平铺一遍；其次铺深一个度的灰色，运笔方向以地板拼接方向为主，利用扫笔法绘制出部分木纹肌理；最后用更深一些的灰色刻画出地板上桌椅的投影，让画面呈现出微妙的光影细节。

吊灯在画面中是点睛之笔。先用浅灰色绘制灯具亮部，再用深灰色平铺暗部，亮部与暗部之间选用一个中间灰色揉搓、晕洗，这样颜色会过渡得更加自然。

暖黄灰色的灯光尤为重要，刻画遵循先浅后深的原则，特别亮的地方可进行留白处理，这样灯光氛围会更加生动。

吊灯上色步骤详解：

①用灰色铺出明暗关系。　②叠加环境色，绘制
　　　　　　　　　　　　　出物体高光。

第十六节　卧室空间马克笔上色步骤

床铺线稿绘制步骤详解：

①先绘制出床铺的外形轮廓。

②用松动的线条绘制出被子、衣服的褶皱。

①用钢笔绘制线稿。首先，根据透视关系用简练的线条绘制出物体轮廓。其次，在物体轮廓上增加细节，让线稿表达得更加详尽。最后，书写墙上文字，突显空间的氛围感。

钢笔线稿绘制完成后，根据画面色调整理所需用到的马克笔色号，并做好相关上色前的准备工作。

2 对背景墙和地板进行上色。首先，用深灰色 TG256、TG258 对背景墙进行铺色，铺色时不要铺满，可微微留些缝隙，以塑造出抹灰墙面的质感。其次，用浅黄色平铺地板，铺完后叠加一些浅蓝色，以丰富地面颜色。再次，用深黄灰色刻画出地板上的投影，并用 0 号无色马克笔揉搓出地板上的亮部，让光感变得更加强烈。最后，用高光笔书写一遍墙体上的文字。

背景墙上色步骤详解：

①用灰色快速铺一遍。

②叠加灰色，增加颜色变化，并用高光笔书写一遍墙体上的文字。

3 塑造书籍、鞋子和床头凳等配景。用深黄灰色平铺床头凳，铺色完成后叠加一些冷灰色，丰富画面颜色。对于书籍、鞋子，应先铺浅色，再用深色刻画出暗部。用高光笔刻画出物体的高光，以增加物体的质感和画面的氛围感。

床头凳上色步骤详解：

①用浅色铺出物体的颜色关系。

②叠加深色和环境色，细致刻画物体质感。

4 进一步刻画床铺，丰富画面效果。首先，用浅灰色平铺物体亮部和暗部；其次，用浅黄色晕染被子、枕头，以叠加出环境色；最后，用中灰色刻画暗部，增加画面的立体感。至此，轻松、有质感的北欧风格卧室表现完成。

床铺上色步骤详解：

①用灰色快速铺出亮面、暗面关系。

②叠加浅黄色，增加颜色变化，细致刻画暗部。

第十七节 小户型平面图马克笔上色步骤

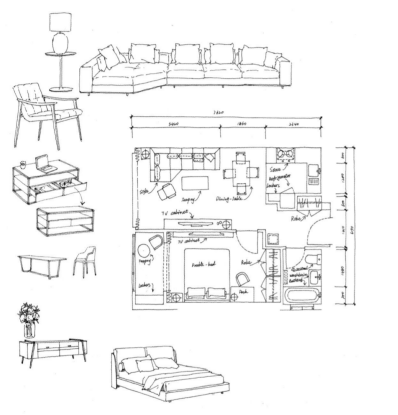

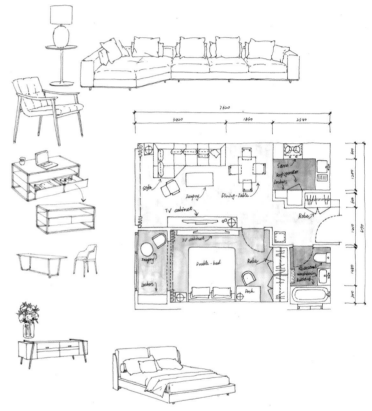

 首先用简洁的线条表达出空间轮廓，其次根据比例关系绘制出家具，最后标注文字和尺寸。可绘制一些家具透视图，让平面效果更直观。

 用马克笔平铺地面，在其未干透时用 0 号无色马克笔晕洗出颜色变化，让颜色更加丰富。

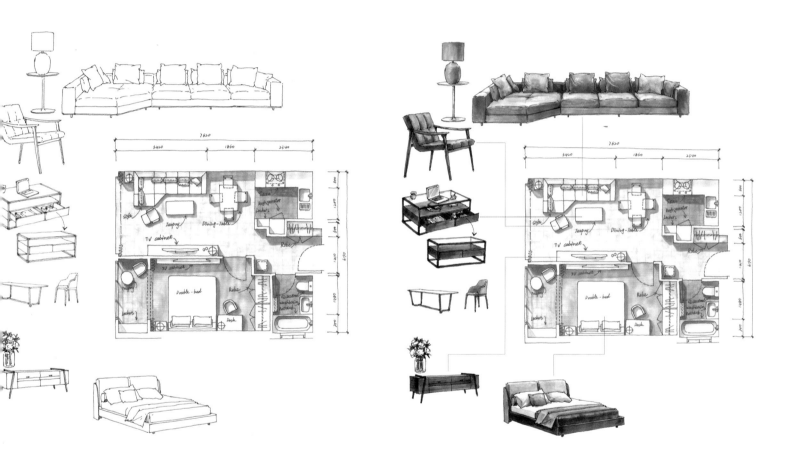

 根据光源方向，绘制地面投影，完成后用铅笔勾勒出地面铺装，进一步丰富画面内容。为家具透视线稿上色，让画面更丰富。

第十八节　异形户型平面图马克笔上色步骤

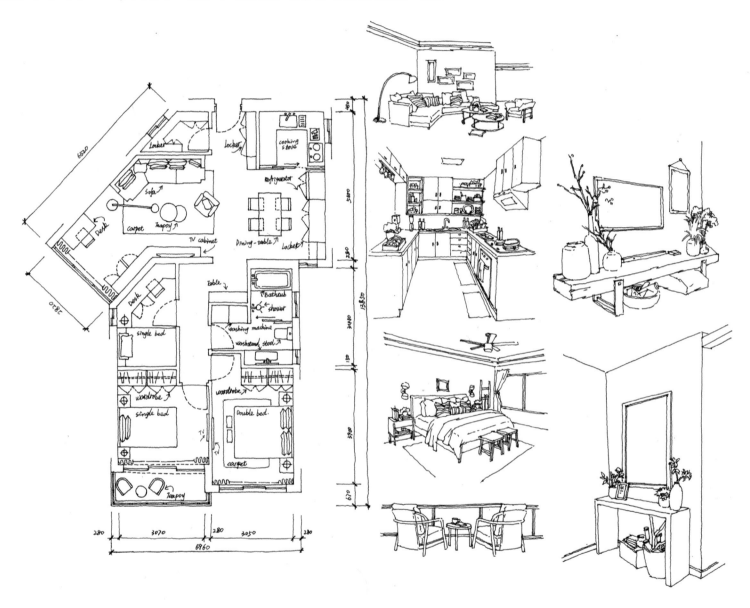

 绘制钢笔线稿前，细致观察各空间功能及家具布置情况。首先用简洁的线条表达出墙体轮廓，其次根据比例关系绘制出家具平面图，最后标注文字和尺寸。为了让平面图更加直观，可绘制一些节点透视图，绘制完成后，对所需色号马克笔进行归类，以便使用时拿取。

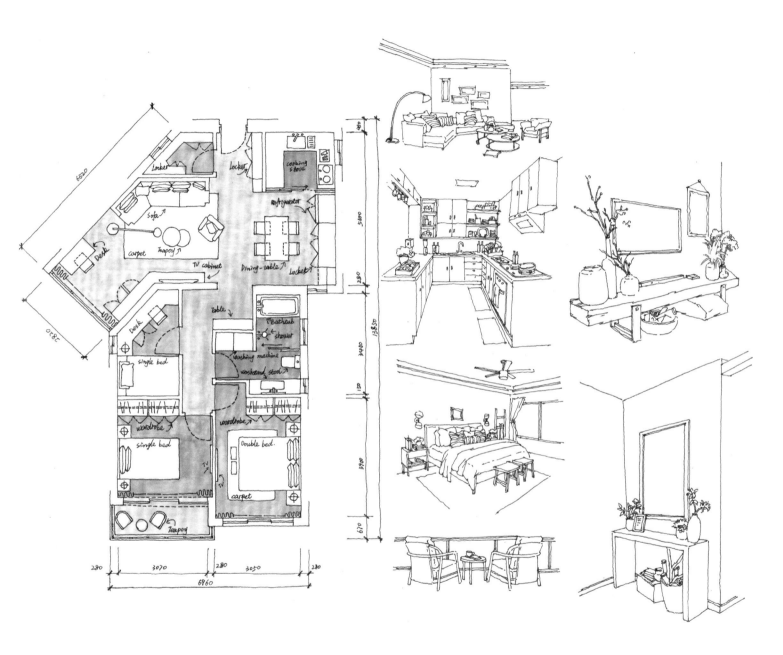

 首先，用浅黄（1号）、中黄（3号）、暖灰（GT254）、PG38马克笔分别对客厅、卧室、厨卫等空间的地面进行平铺上色。铺色不必铺满，给后面叠加颜色留下空间。其次，在颜色未干时叠加一些环境色，丰富画面颜色。最后，用0号无色马克笔晕洗，让颜色变化更加细腻，有水彩效果。

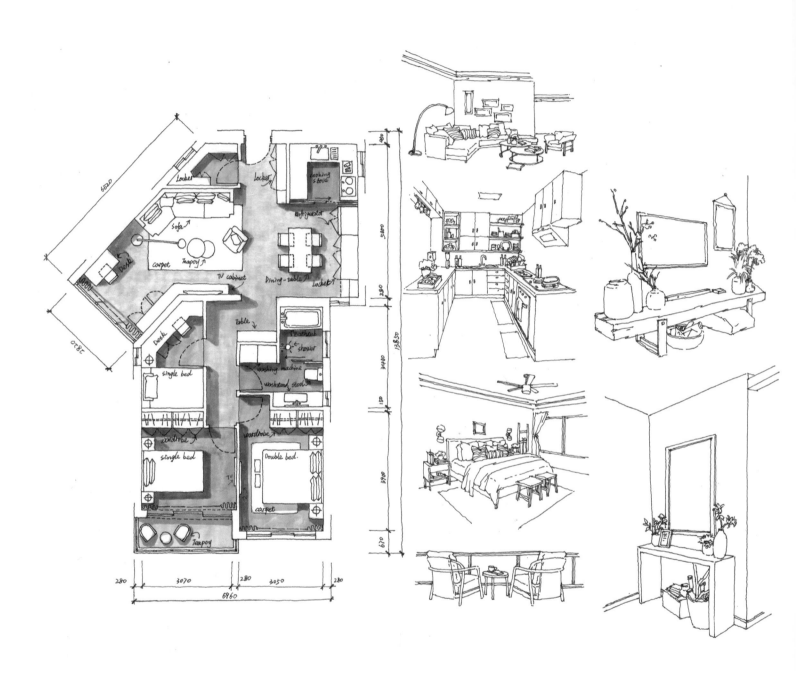

根据光源方向，绘制地面投影。首先用 171 色号勾勒客厅、卧室、储物间地面投影；其次在颜色未干时叠加一些颜色，让投影颜色更丰富；最后用 TG255、TG256、YG263 色号马克笔绘制厨房、卫生间和阳台地面的投影。

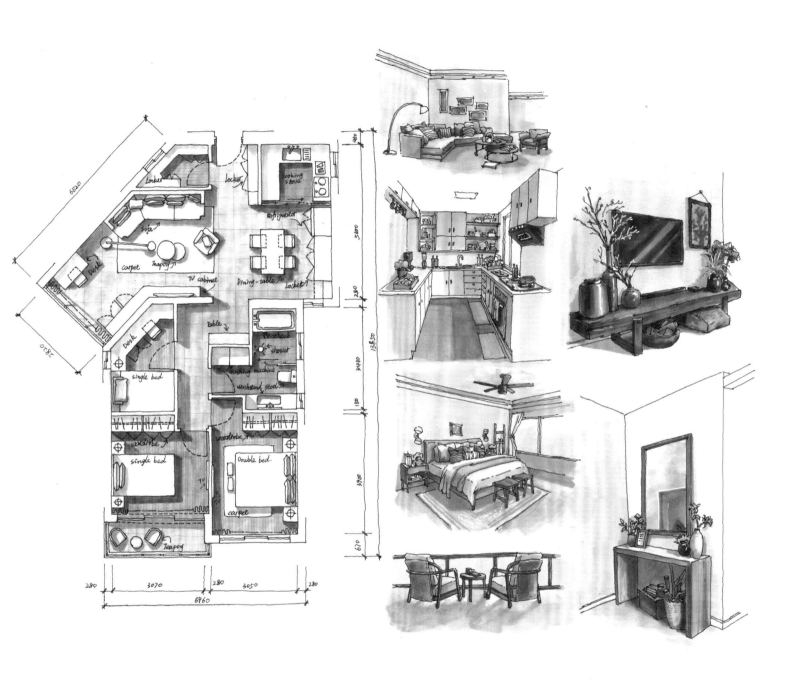

 用铅笔勾勒地面铺装，让平面图细节更加丰富。对各节点透视线稿进行着色，让画面更丰富。第一遍着色可根据色彩倾向，平铺各个物体空间。第二遍着色则用细笔头刻画物体的细节。最后叠加一些环境色，让画面更加生动。

第十九节　大型空间立面图马克笔上色步骤

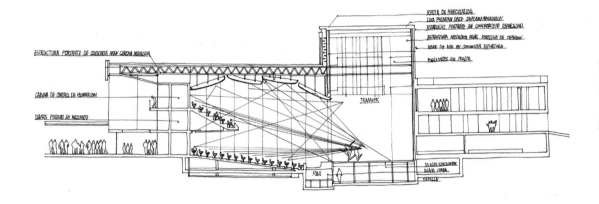

1) 用简洁的线条表达出立面空间的结构和基本造型轮廓，绘制完成后进行标注。

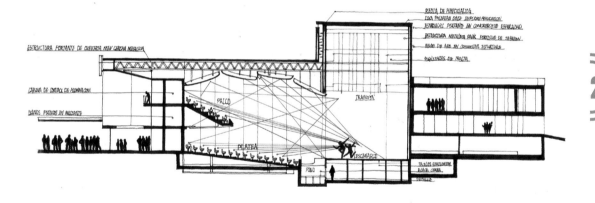

2) 用黑色马克笔刻画出立面的结构关系。

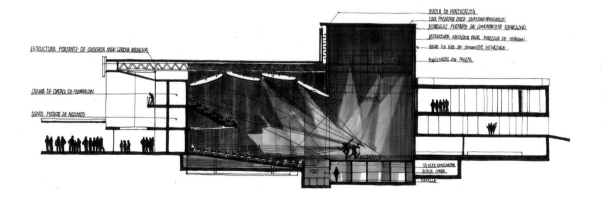

3) 根据光源方向，用排笔法按先浅后深的原则着色，注意表达出射灯照射的方向和颜色变化。

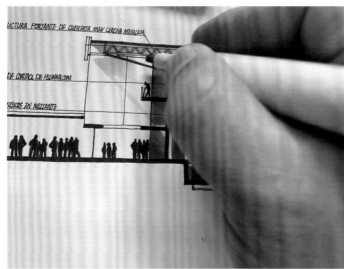
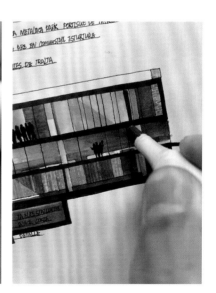

用平铺法塑造剩余空间。铺色时注意颜色的深浅变化和对光线的表达。铺色完成后，用高光笔勾勒出一些细节。

第二十节　小型空间立面图马克笔上色步骤

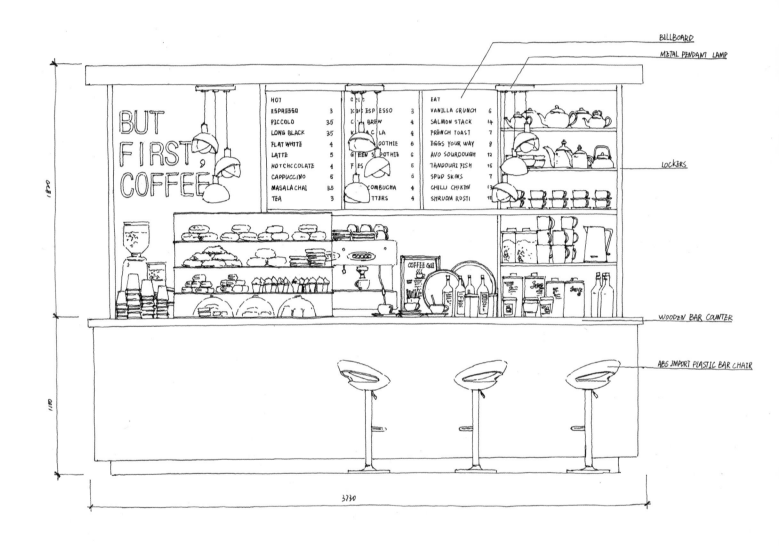

 在绘制钢笔线稿前，细致观察空间特点。首先，用简练的线条绘制出大致的形态。其次，用线条细分出每个小空间的外形轮廓。最后，用轻松的线条绘制空间内的细小物体，使画面更加详细。绘制完成后，标注文字和尺寸即可。

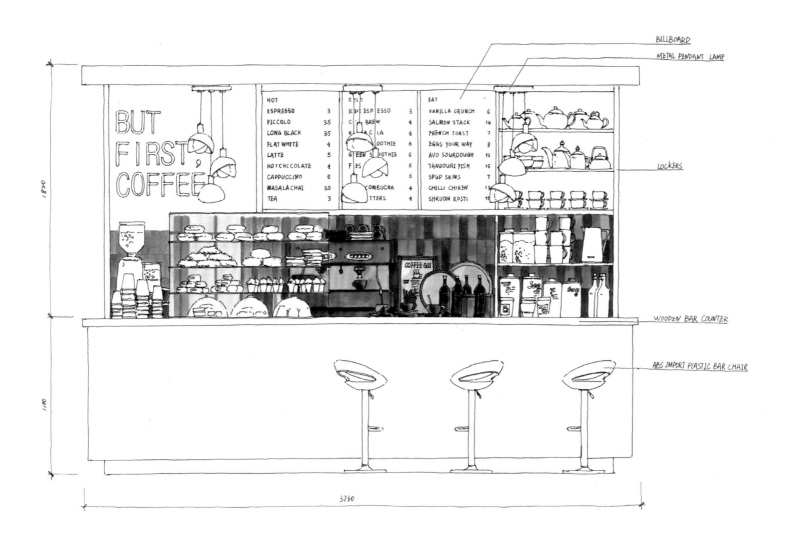

BILLBOARD

METAL PENDANT LAMP

BUT
FIRST,
COFFEE

HOT		COLD		EAT	
ESPRESSO	3	ICED ESPRESSO	3	VANILLA CRUNCH	6
PICCOLO	3.5	COLD BREW	4	SALMON STACK	14
LONG BLACK	3.5	KALA CLA	4	FRENCH TOAST	7
FLAT WHITE	4	SOOTHIE	6	EGGS YOUR WAY	8
LATTE	5	GREEN SOOTHIE	6	AVO SOURDOUGH	12
HOT CHOCOLATE	4	FIES	6	TANDOURI FISH	15
CAPPUCCINO	5			SPUD SKINS	7
MASALA CHAI	3.5	OMBUCHA	4	CHILLI CHIKEN	13
TEA	3	TTERS	4	SHROOM ROSTI	11

LOCKERS

WOODEN BAR COUNTER

ABS IMPORT PLASTIC BAR CHAIR

COFFEE GO!

用灰色马克笔 TG254、TG255、TG256 和黄色马克笔对中间区域进行平铺着色，以此奠定画面的颜色基调。值得注意的是，铺色时需要把控细节，切勿一概而论，否则会给后面的详细刻画增加难度，也破坏了画面的氛围感。

BILLBOARD

METAL PENDANT LAMP

BUT FIRST, COFFEE

LOCKERS

COFFEE GO!

WOODEN BAR COUNTER

ABS IMPORT PLASTIC BAR CHAIR

3730

 3 进一步用深灰色 TG254、TG257、TG258、YG265 平铺剩余的上部和下部空间，铺色以平铺的方式进行即可。值得注意的是，铺色时，灯具、杯子、茶壶等物品在这一步先留白，让画面关系更清晰。铺色完成后，用钢笔进一步刻画吧台和背景的细节，让画面更加详尽。

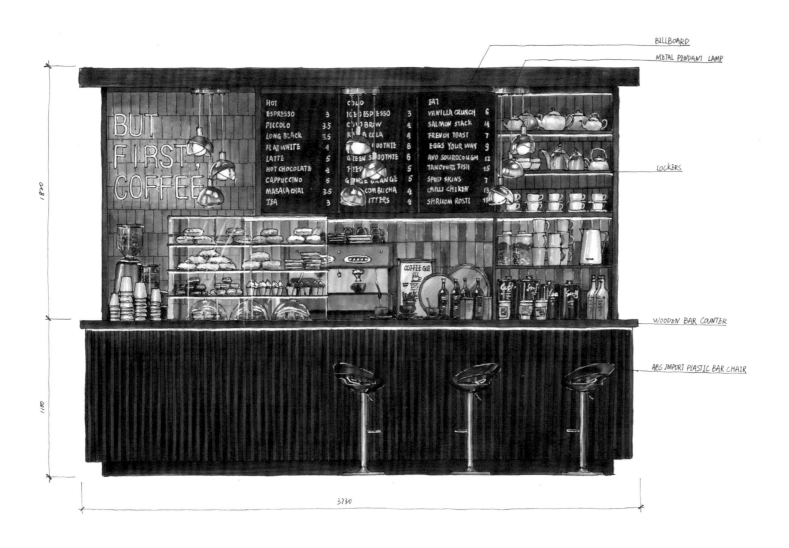

BILLBOARD

METAL PENDANT LAMP

LOCKERS

WOODEN BAR COUNTER

ABS IMPORT PLASTIC BAR CHAIR

4 进一步刻画画面细节，让环境氛围更生动。这一步通常根据物体的色彩倾向，用马克笔细笔头刻画出物体颜色的细节。刻画完成后，用高光笔刻画文字细节和高光细节，让物体更具有质感，这样也能突显出画面的氛围感。

第四章
室内空间手绘效果图欣赏

近年来，随着设计企业、院校、手绘大赛等对手绘的重视和呼唤，越来越多的人开始重视对手绘的学习。然而，对手绘的学习不仅是临摹、写生，还需要提高个人的鉴赏能力。一方面，赏析作者的表现方法和创作精髓，并在赏析、模仿和学习的过程中，进一步提升自己的手绘表达能力，并且形成自己的手绘风格。另一方面，赏析手绘作品可提升自己的审美能力和艺术性。

本章为大家提供了不同空间的手绘作品，大家可以结合第三章的手绘表达步骤，通过赏析、临摹，形成适合自己的手绘表达方法。

小商铺马克笔表现

用材：A3 复印纸、钢笔、高光笔、马克笔。

黄色空间马克笔表现

用材：A3 复印纸、钢笔、高光笔、马克笔。

深圳苫也·未名海民宿马克笔表现

用材：A3复印纸、钢笔、高光笔、马克笔。

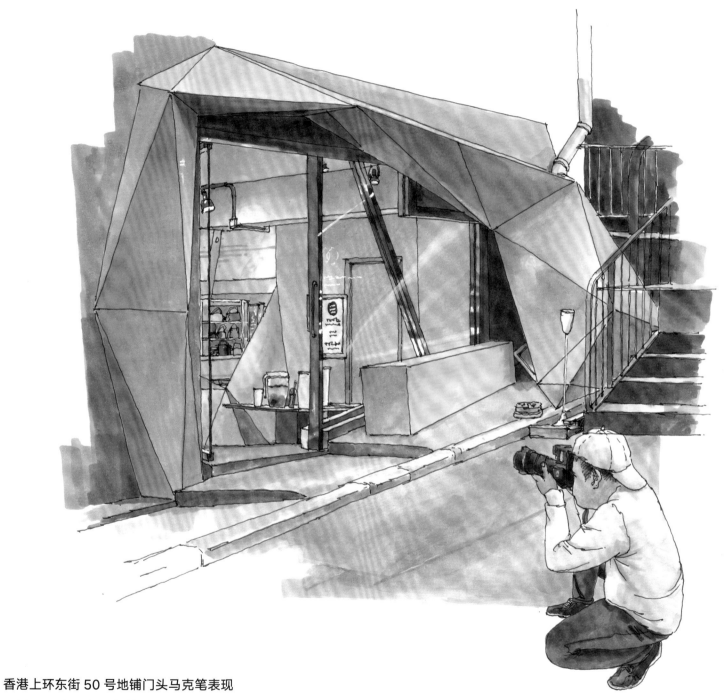

香港上环东街 50 号地铺门头马克笔表现

用材：A3 复印纸、钢笔、马克笔。

书房马克笔表现 1

用材：A3 复印纸、钢笔、马克笔。

书房马克笔表现 2

用材：A3 复印纸、钢笔、马克笔。

卫生间马克笔表现

用材：A3 复印纸、钢笔、马克笔。

leizhilong

办公空间马克笔表现

用材：A3 复印纸、钢笔、马克笔。

住宅空间马克笔表现

用材：A3 复印纸、钢笔、

高光笔、马克笔。

咖啡厅马克笔表现

用材：A3 复印纸、钢笔、高光笔、马克笔。

工作室马克笔表现

用材：A3 复印纸、钢笔、高光笔、

马克笔。